日本漁業・水産業の復活戦略

最新データに拠る日経調水産業改革委員会
「提言」と改正「漁業法」概説

高木 勇樹 監修

小松 正之 著

雄山閣

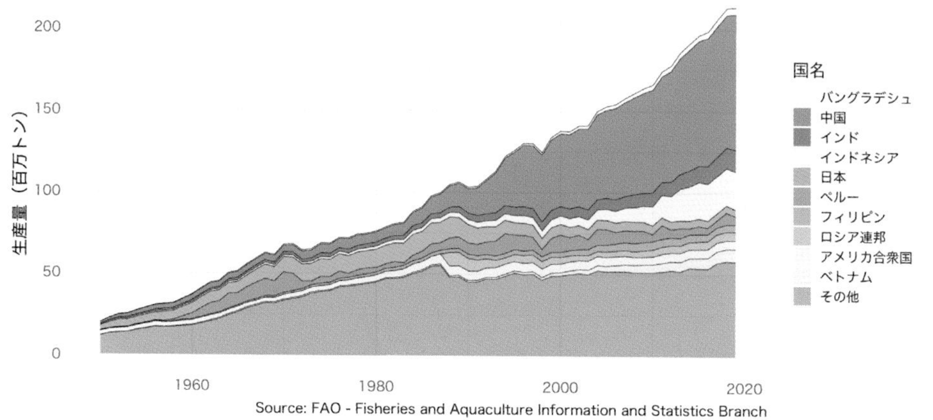

世界〈生産量上位10ヵ国〉の漁業・養殖業生産量の推移（1950～2019年）

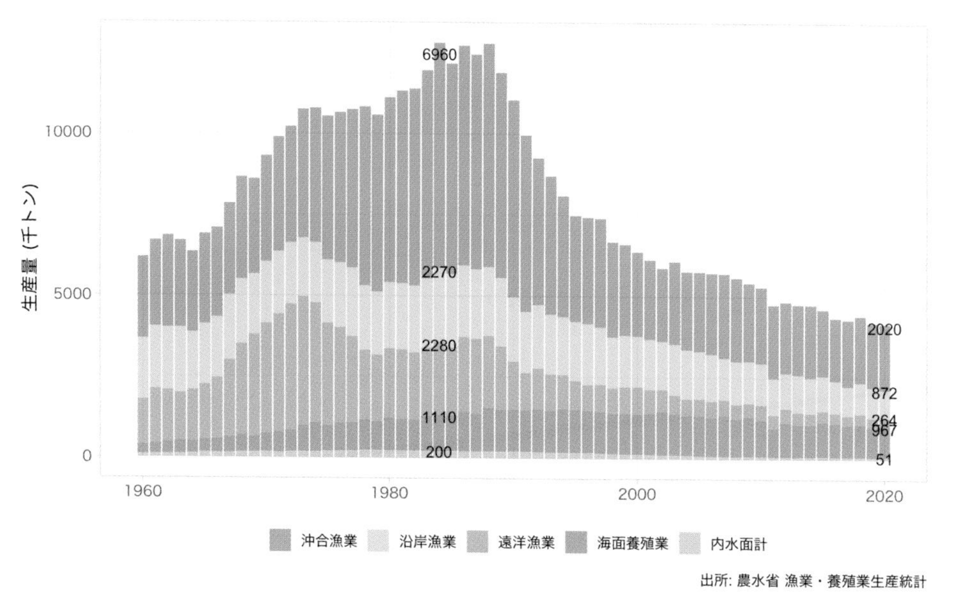

日本の漁業・養殖業生産量（1960～2020年）

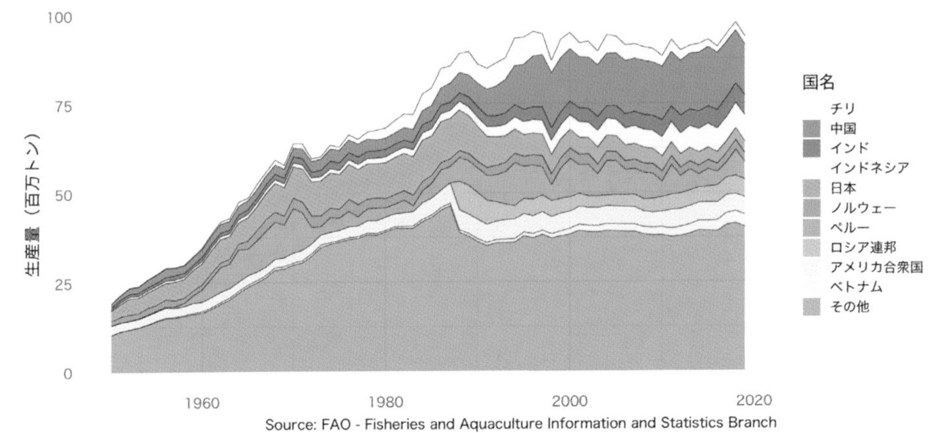

世界〈生産量上位 10ヵ国〉の漁業生産量の推移（1950 ～ 2019 年）

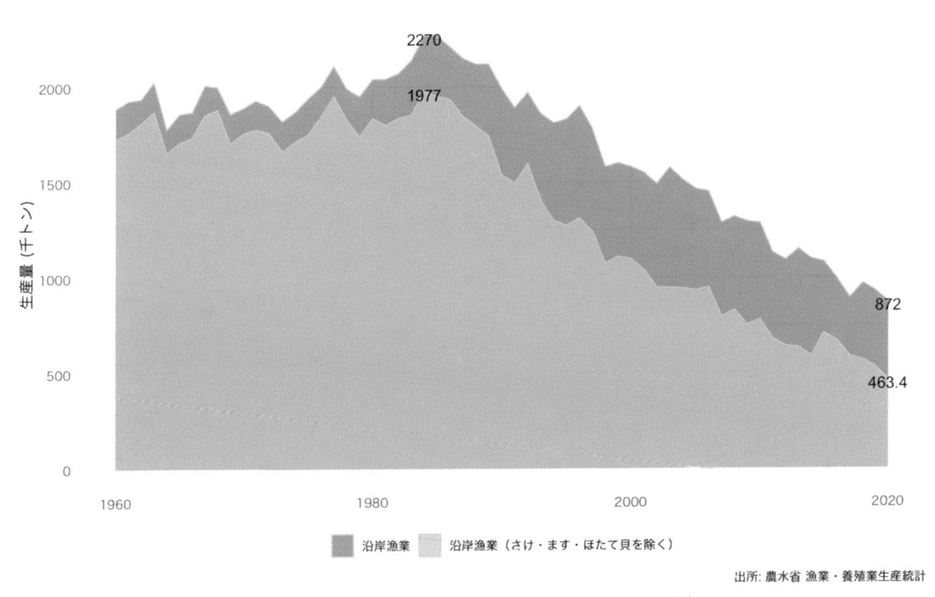

日本の沿岸漁業生産量の推移（1960 ～ 2020 年）

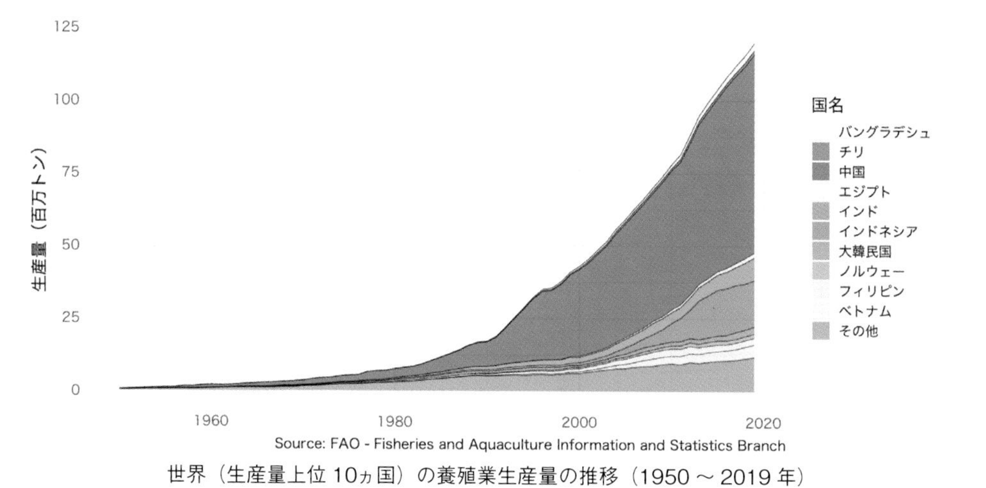

世界（生産量上位 10ヵ国）の養殖業生産量の推移（1950 ～ 2019 年）

1500
1330
1000
967
500
200
51
0
生産量（千トン）
1960
1980
2000
2020
海面養殖業
内水面計
出所: 農水省 漁業・養殖業生産統計

日本の養殖業生産量（1960 ～ 2020 年）

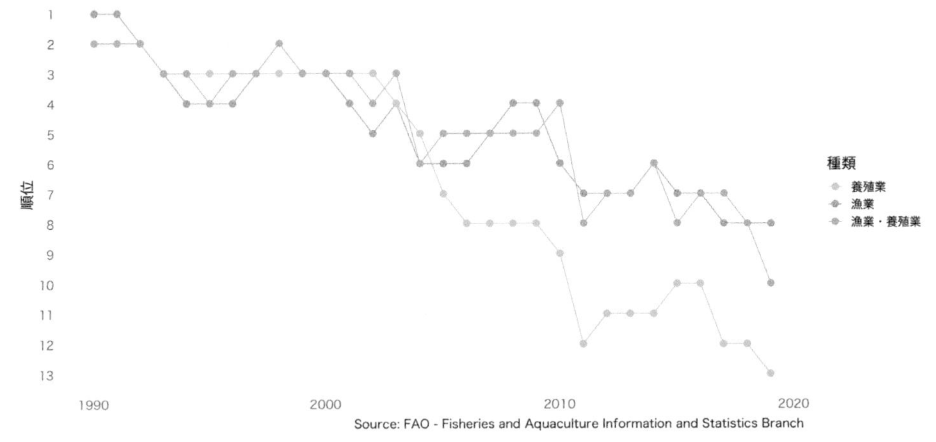

〈日本の漁業・養殖業生産量〉世界ランキングの推移（1990～2019年）

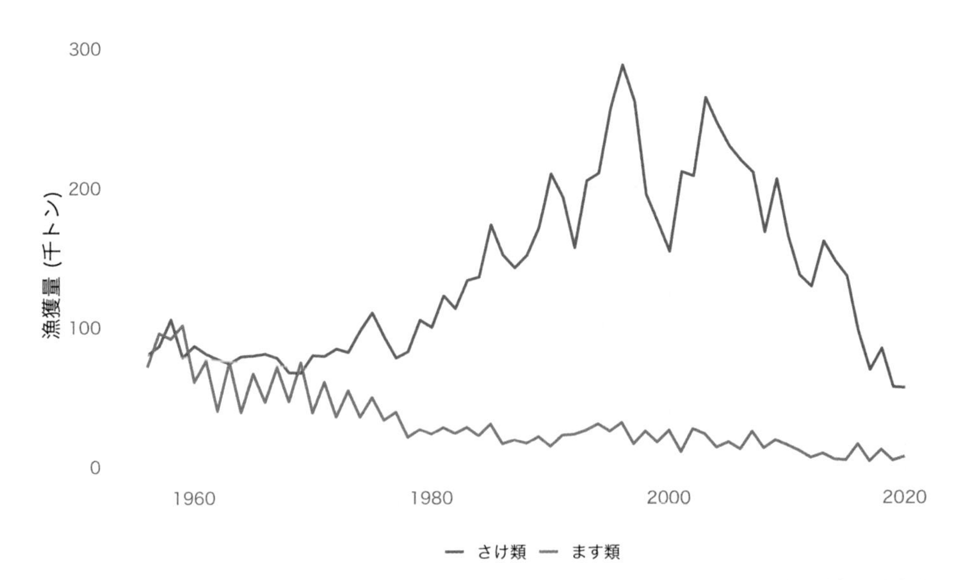

さけ類・ます類の海面漁獲量

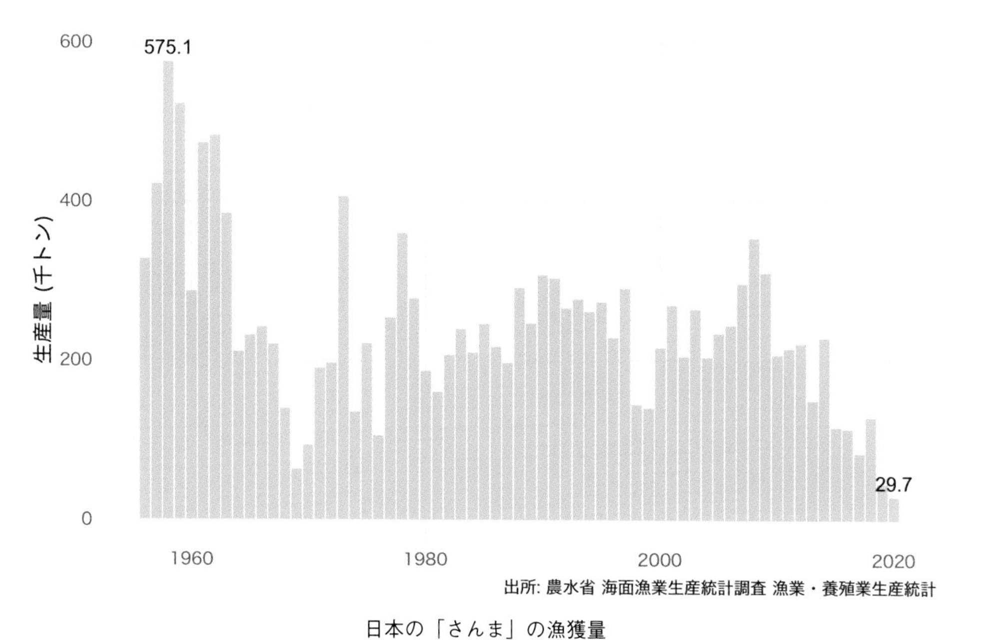

日本の「さんま」の漁獲量

1625.9
1500
1000
500
0
生産量 (千トン)
376.6
1960
1980
2000
2020
出所: 農水省 海面漁業生産統計調査 漁業・養殖業生産統計

日本の「さば類」の漁獲量

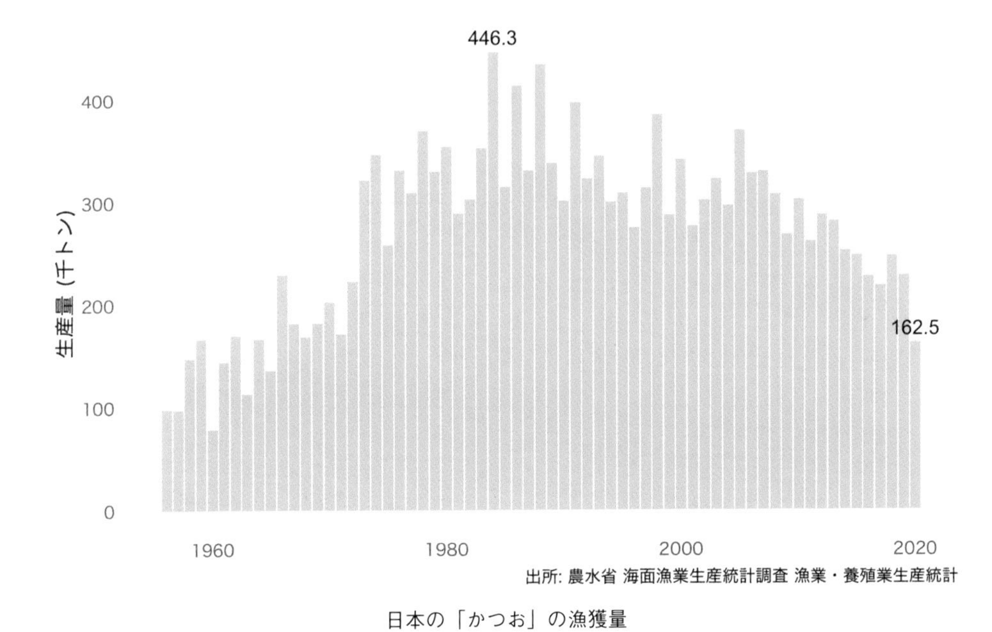

日本の「かつお」の漁獲量

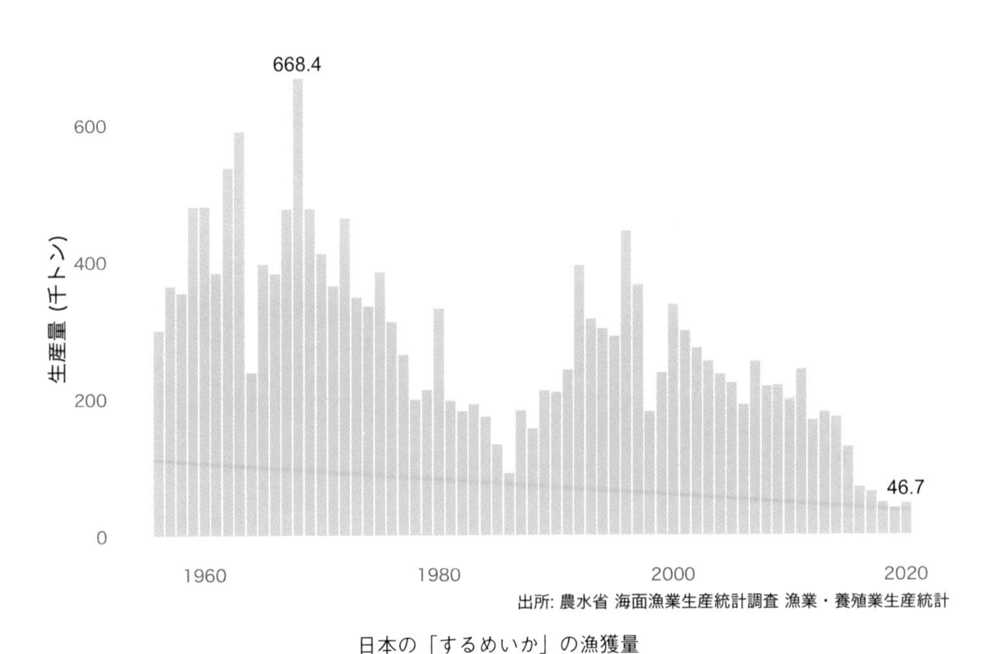

日本の「するめいか」の漁獲量

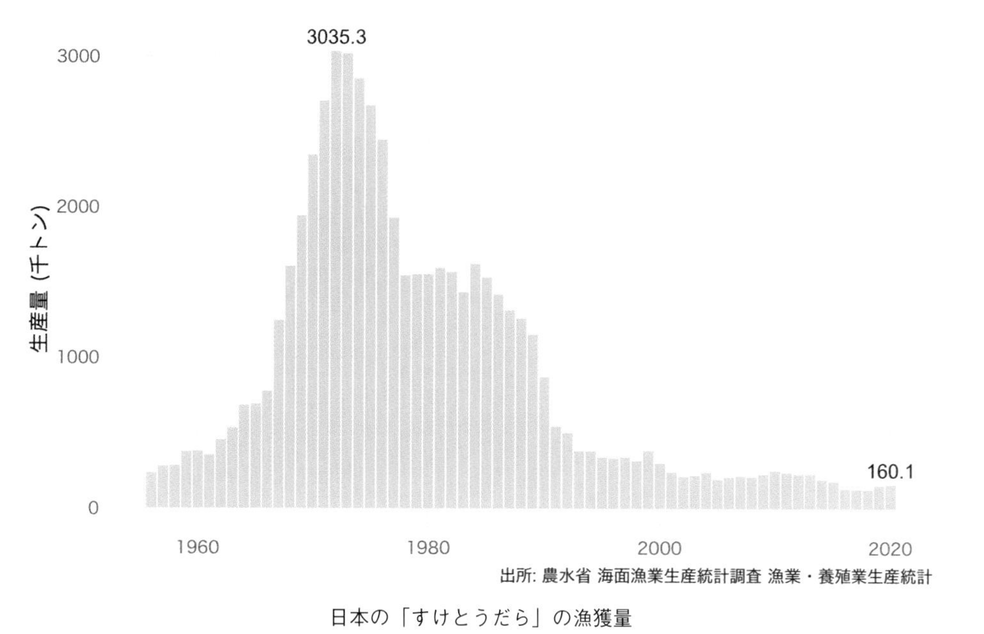

日本の「すけとうだら」の漁獲量

日本の「ずわいがに」の漁獲量

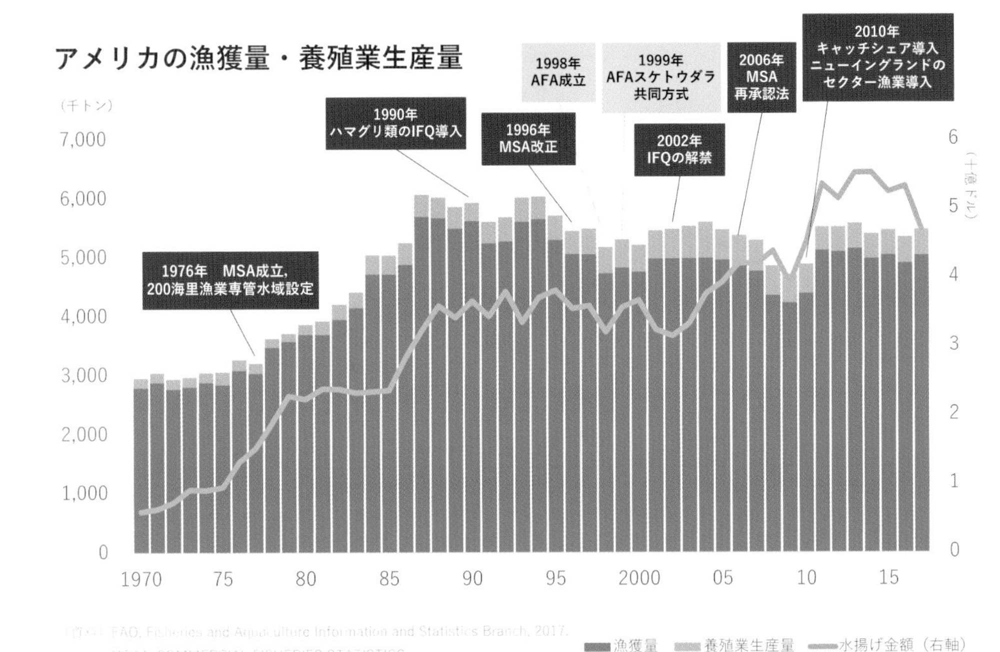

アメリカ漁業の制度変化と漁獲量・養殖業生産量の推移

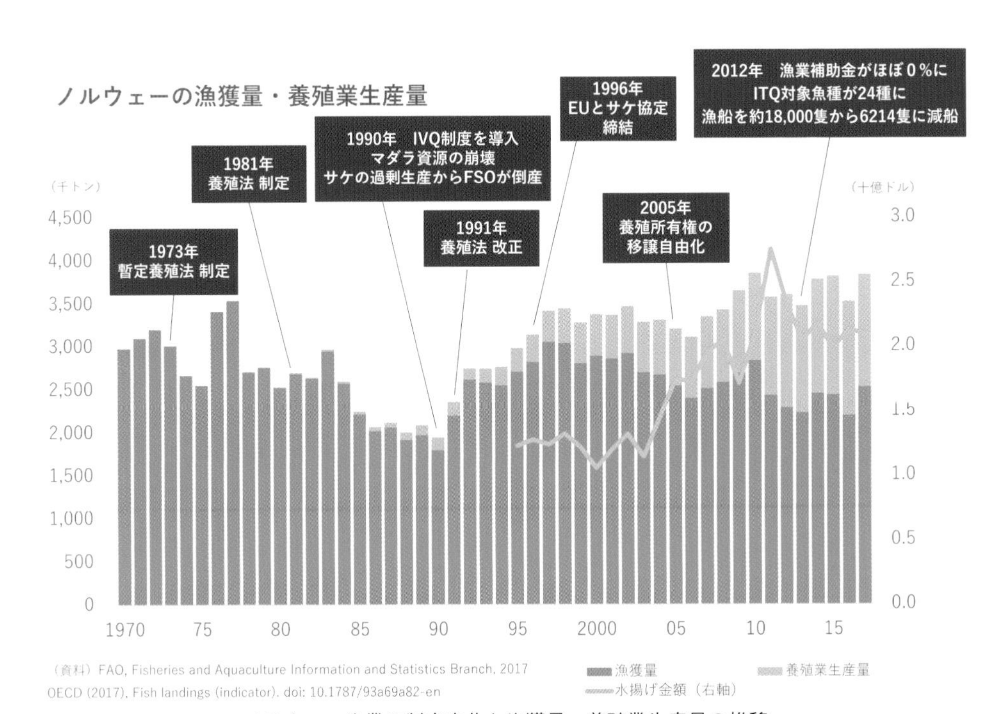

ノルウェー漁業の制度変化と漁獲量・養殖業生産量の推移

(※掲載図表は全点著者作成)

日本漁業・水産業の復活戦略　目 次

第2章 日経調第2次水産業改革委員会の最終報告と提言

推薦の言葉

豊洲市場協会長／中央魚類株式会社代表取締役会長
伊藤裕康

2020年12月1日から70年振りの「改正漁業法」が施行されました。この改正で、漁業権の優先順位の廃止、個別漁獲割当制度（IQ）の導入、漁獲データの提出義務並びに科学的根拠に基づく漁業管理の導入などが盛り込まれました。私ども水産流通業界にとっても、50年振りの卸売市場法と食品流通改善促進法の改正で中央卸売市場が認定制になるなどいろいろ変化がありました。しかし、これらの法改正で本当に日本の水産資源が回復し、水産業が元気になり、魚食が守れ、そして復活するのでしょうか。

現下の日本の水産業の衰退が続いており、また、コロナウイルス感染症が生産活動と消費活動の双方の縮減に拍車をかけております。このような時にこそ基本的に重要なことは原点である「国民総意の下で、科学に基づく資源管理を実施して、水産物を安心、安定的に、新しい流通手段を取りいれ、消費者への供給がなされること」であると思います。すなわち、水産物を、小売店、スーパーマーケットや通信販売などを通じて家庭に、そして、ホテル、レストラン・外食産業などに良質で安心な水産物をかつ安全に、安定的に届けるのが我々の役割であります。

日本経済調査協議会の本委員会は、漁業だけでなく生産から、加工、流通と消費並びに国際貿易、国際交渉と水産業の全般に亘って議論したことも特徴です。私たちの本業である水産物卸売業は、漁業生産があって初めて商売として成り立ち、かつ、私たち流通業があって漁業が振興するものであり本書は2017年9月から1.5年の18回の会合の結果を集大成したものです。

推薦の言葉

2019年7月に公表した第2次水産業改革委員会はその提言の内容が第2章として全て含まれます。そして、それに先立つ第1章には、現在の漁業・水産情勢並びに、日本経済調査協議会の提言と改正漁業法への解説がされており、改正漁業法をよりよく理解するためにも、非常にわかりやすい内容となっています。

水産流通業界もまた、本書を実務上の指針を提供する書として参考にしていきたいと考えます。漁業界、加工業界、貿易業、並びにスーパーマーケットないしレストラン・外食産業の方々にも座右においてお役に立つ書であると確信をいたします。今のコロナとポスト・コロナの混迷の時代だからこそ、お読みいただきたいと存じます。本書のご活用を心よりお勧め申し上げます。

2021年6月吉日

推薦の言葉

日本水産株式会社代表取締役社長
的埜明世

2017年9月から日本経済調査協議会「第2次水産業改革委員会」が開始され、1年半にわたる委員会で、水産政策と水産業全体にわたる包括的、総合的な検討を行いました。その結果7つの柱の提言を基本理念とする「新たな漁業・水産業の制度とシステムの具体像（あるべき姿）として提示しました。

私も本委員会に参加して、「ニッスイの養殖業への進出とその課題について」（2017年11月24日）を発表し、また、当社屋葺利成養殖事業部長（当時）より「チリ鮭鱒養殖事業の現状と制度」（2018年5月25年）をプレゼンテーションしました。

日本漁業は2019年でも419万トンと5.1％の減少で、養殖業に至っては91.38万トンと8.9％も減少しました。2020年にはコロナウイルス感染症の影響で供給と消費の両方が減少したとみられます。2021年に入りましてもコロナウイルス感染症は世界と日本で収まる様子が見られず、引き続き生産・供給と消費の減少が予想され、またその生産と流通・マーケット対応の双方の構造の改善・改革が迫られております。

その意味で、日本漁業·水産業の再生と再活性化が急であることは、衆目の一致するべき点であると考えます。

本書では日経調第2次水産業改革委員会での提言を柱に、漁業・水産業の再生と再活性化に関する情報が盛り込まれております。さらに2020年12月に施行された漁業法改正に関しても、その内容に関して解説され、かつ、提言との関係にもわかりやすく言及されております。

例えば、最も関心のある話題の「海洋生物資源は国民共有の財産」

との扱い、ITQ（個別譲渡制漁獲割当制度）や最近話題のSDGs（持続的開発目標）にも触れております。

今後はますます日本も環境問題を避けて通れない時代に入りました。地球温暖化が大気に与える影響については菅義偉総理大臣が「温室効果ガスの国内排出を2050年までにゼロにする」と宣言されました。しかし、海洋の温暖化と海洋汚染などへの取組は遅れており、海洋生態系の悪化がみられます。今後これら環境、海洋生態系と生物多様性の保護と回復への対応が水産物の安定供給と食品の安全安心の供給にも重要となると考えます。

多くの方々が、これらの話題により深く関心を持っていただき、日本の漁業・水産業の発展につながることを切に期待します。

ぜひご参考に供していただければ幸いです。

2021年6月吉日

監修者の言葉

一般社団法人日本経済調査協議会「第2次水産業改革委員会」委員長
元農林水産事務次官
高木勇樹

本書は、2019年5月に発表された一般社団法人日本経済調査協議会(日経調)における第2次水産業改革委員会の調査研究成果である「新たな漁業・水産業に関する制度・システムの具体像を示せ～漁業・水産業の成長と活力を取り戻すために～」を編纂、加筆し、書籍として発刊したものである。その目的は、報告書の資料的価値を保存し、報告書で示した提言の含意を漁業・水産業関係者のみならず広く一般読者にも周知することにある。

同委員会は、2017年9月の発足以来1年半にわたり、準備会合も含めれば実に36回におよぶ会合を開催し、延べ40人の漁業・水産業に関わる幅広い分野の関係者からの報告をもとに、精力的な研究討議を経て報告書を取りまとめた。

詳細は本編第2章に譲るが、報告書の要諦は「食料は命の源泉である」との基本認識のもと、漁業・水産業の基本理念として「海洋と水産資源を、無主物としての扱いではなく日本国民共有の財産」と明確に位置付けるべきとしたことである。

本委員会が開催されていた2018年12月には約70年ぶりに漁業法が改正された。その内容は、科学的資源管理や沿岸漁業への企業参入など、2007年に発表した我々の提言の一部がようやく実現されたものの、漁業者の縄張り（漁場）を管理することに主眼が置かれた1901年の旧明治漁業法の内容を引きずったものであることは否めず、これでは日本の漁業･水産業、地域の衰退に歯止めをかけることはできない。

漁業･水産業に携わる方にはそれぞれの立場、考え、歴史などがあり、日本の漁業・水産業の改革を論じようとしても、甲論乙駁してまとまらなかったことは承知している。しかし漁業・水産業を良くし、地域を活性化したいという思いはみな同じであり、目の前の魚が獲れさえすれば良く、その結果、子や孫の世代に魚が枯渇しても良いと考えている者などいないはずである。

その思いを実現するには、不都合な真実を直視し、お友達の立場・考え以外をレッテル貼りで排除するのではなく、実態を徹底して客観的・科学的に検証するプロセスを踏み、いろいろな意見・考えに耳を傾けることを通じ、日本の漁業・水産業、地域活性化のより良い未来像を描くことが最善であることは自明である。

お友達の論理で構築された今回の漁業法改正が、今後その実をあげ得ないときは、正に本書が真の羅針盤となることを確信している。

新型コロナウイルス感染症の蔓延という未曽有の事態が出来し、2度目の緊急事態宣言が発出されるなどの困難な状況の中、本書の企画から出版までの労をお取りいただいた本委員会の主査である一般社団法人生態系総合研究所 代表理事の小松正之氏ならびにご協力いただいた関係者各位に深甚なる謝意を申し上げる。

2021年6月吉日

第１章
日本漁業・水産業の現状と課題・再生策について

（小林正之）

I. 日本の漁業・水産業の再生・回復への対応

1. 2018年漁業法一部改正の背景

水産庁は2018年12月に漁業法の一部改正を行った。これはいくつかの改正内容を含むが、主たるものは「漁業権の優先順位の撤廃」と「個別漁獲割当制度の導入」を図るものである。日本の漁業はピーク時から3分の1の生産金額に、漁業者も109万人が15万人まで減少し、漁業にその生活・生産基盤を依存していた水産都市・漁村と離島が大きく衰退した。しかし、この改正によって、このような連続して30年間も衰退を続ける日本の漁業を回復することが期待できるのであろうか。

1970年代に国連海洋法条約交渉が急激に進展したが、我が国のような遠洋漁業国は小数派であった。ロシア、ポーランド、スペインとポルトガルなどに限られていた。交渉の途中から発展途上国と対立し、200カイリ水域の設定に反対していた米国と旧ソ連も、排他的管轄権が軍事行動に影響しないと分かったら自国資源の利用に舵を切って、日本などの遠洋漁業国は置いてきぼりにされた。

そして1994年に国連海洋法条約が発効した。戦後、縦横無尽に世界の海に出た日本漁業は日本の200カイリ内に押し戻された。その時から自国200カイリ内での持続的利用を目指したはずであった。遠洋漁業から締め出された後は、沖合、沿岸漁業と養殖業の振興を政策の柱に掲げたが、いったいその政策は具体的に何をしてどのような効果をもたらしたのか。

日本は1996年に海洋法条約の発効後2年遅れて、同条約を批准した。またこの年、1995年に交渉が完了した国連公海漁業協定（国連海洋法実施協定）にも署名し、2001年から同協定が発効した。海洋法条約の

第61条は、自国200カイリの海洋生物資源を最良の科学的根拠に基づき利用することを義務付けた。そして、同協定では科学的根拠による漁業管理として「目標漁獲水準」と「限界漁獲水準」の2つの具体的な漁獲の水準が示された。しかし、その後も日本は科学的根拠に基づく漁業資源管理を実施することに熱心ではなく、そのことより、漁業者間の話し合いによる漁業者協定制度と自主的規制を優先させた。水産業協同組合法などに基づく法的根拠も漁業者協定と自主的規制に与えた。これらは国連海洋法条約で規定する内容の出口規制とは一致しない。入口規制であったし、科学的根拠がないので、日本の漁業資源と漁業生産量は減少し続けた。

それでも、国内政策と漁業法制度・水産業改革の必要性に目を向けると、政府の動きは見られなかったので、民間主導での改革の動きが開始された。

2006年9月に日本経済調査協議会（日経調）「水産業改革委員会」が設立され､2007年7月に4つの柱を持つ水産業改革の提言を行った。これが我が国初の水産業改革の提言であった。ここから水産業の本格的な改革議論が開始された。2007年には｢内閣府規制改革会議｣に｢水産業専門委員会」が設置されて活発な改革議論が開始され、2010年からの民主党政権時代にも政府による水産業改革は継続した。

2011年からは新潟県の泉田裕彦知事（当時、現衆議院議員）のリーダーシップにより、新潟県でホッコク赤エビを対象としたIQ（個別漁獲割当）方式の漁業が開始されて効果を上げた。その後水産庁は2014年に「有識者からなる検討会」を立ち上げ、IQの導入の可能性に言及した。そして自民党でも検討会が開催された。こうして水産庁も2017年の第4次水産基本計画ではIQ制度を導入することを明確化したが、諸外国に比較すると歩みが緩やかで内容も不足気味である。

このような軽く、緩やかな改革の歩みに対し、この間も漁業は衰退を継続して、回復の兆しが一向に見られなかったことから、2017年9月からは日経調「第２次水産業改革委員会」が立ち上がり2019年9月には７つの提言が発表された（後述)。

これらの動向の中で、2018年１月の首相の所信表明演説に「漁獲量による資源の管理」と「養殖業への新規参入」が水産業改革に盛り込まれ、内閣府の規制改革委員会の答申も出て、2018年12月には、水産庁は漁業を成長産業にするとの目標を掲げた。

しかし、すでに漁業法一部改正から２年以上の歳月が経過しているが、その後も日本漁業の漁獲減少・縮小、衰退は止まらない。(表1)

水産庁や全漁連（全国漁業協同組合連合会）などの業界団体は、現状からどれだけ制度変更を小さくするかの観点で今回の漁業法の一部改正に取り組んでいたが、本来ならば、将来の目標点を定め、そこに到達するには、どのような改革と法制度改正が必要かを見定める観点からの制度の改革が必要であったことは言うまでもない。

水産庁は2018年12月の漁業法一部改正を70年ぶりの改正という。これまで、戦後直後にGHQ（連合国軍最高司令官総司令部）の占領下に改正を行い、封建制度下の漁業法を民主化の目標のもとに明治漁業法を改革した時以来の改革であるという。この70年振りの改革という説明が次の２点から問題である。

第１に、戦後、大きく漁業を取り巻く状況として国連海洋法の制定と批准があり、200カイリ体制が敷かれたのに漁業法の改正をその時代もしてこなかったということだ。

第２に、昭和漁業法（昭和24年法律第267号）も漁業者間の集団的な人間関係の保持に基づいた漁業権（漁業協同組合を通じることを主とする免許制度）を基本制度として維持し、今回の70年振りの漁業法一部改正でもそれは維持された。120年前の、科学がない発達していない時代につくられた漁業者の集まりである漁業協同組合（漁協）が管理する漁業権の制度を維持したのである。

表１　日本の漁業別の生産量（単位：1,000 トン）

	年度	沿岸漁業	遠洋漁業	沖合漁業	海面養殖業	内水面	全合計
	1960	1,890	1,410	2,520	280	90	**6,190**
	1970	1,890	3,430	3,280	550	170	**9,320**
	1980	2,040	2,170	5,700	990	220	**11,120**
	1990	1,990	1,500	6,080	1,270	210	**11,050**
	2000	1,580	850	2,590	1,230	130	**6,380**
	2010	1,286	480	2,356	1,111	79	**5,313**
	2020	872	264	2,020	967	51	**4,175**
2020／最大値	—	**42.7%**	**7.7%**	**33.2%**	**76.1%**	**23.2%**	**37.5%**

(出所) 農水省 漁業・養殖業生産統計

世界では先進各国が資源の回復を果たしている。それは科学的根拠に基づく資源の管理を採用しているからである。今回の漁業法の一部改正では、漁業者や漁業協同組合や関連企業など既得権者の生活と現状維持を考え、なるべく「困難」を少なくしようとの思いで取り組まれたことが容易に想像される。

それだけに、真の改正・改革からはほど遠い。中長期の持続的な漁業、水産業の確立と、国民全般への持続的な水産物の供給を優先することが必要である。今回の一部改正では、残念ながら新たな科学管理も途中で終わっている。新しく導入した国際的規範であるMSY（最大持続生産量）に基づく資源管理を導入したことは評価ができる。しかし、MSYの実際の適用があまりにも資源の回復と持続性を目標とする内容からは乖離している。また、欧米で効果を上げている個別譲渡可能割当（ITQ：Individual Transferable Quota〔注：説明は後述〕）が、個別漁獲割当（IQ：Individual Quota〔注：説明は後述〕）と漁船の継承との条件付きで認められているが、これをもっと自由に漁獲枠が移転・移譲ができる本格的なITQに変更、導入し、水産会社と漁業者の統合と強化を図りながら、日本漁業の再生手段として早く活用することが必要である。

1910年の韓国併合の際に、韓国には日本の明治漁業法が導入された。そして戦後もそれをベースに韓国漁業制度が成立していたが、2010年に韓国は、この漁業法を基礎にしたままの漁業法制度では、現状の水産業と海洋環境の変化に対応できないとして、水産資源管理法を制定するとともに、漁業法を全面的に書き換え、新法を成立させた。

「漁業資源の回復と漁業・水産業の再生」が急がれる。日経調「第2次水産業改革委員会」（いわゆる第2次高木委員会）の提言を政府・自民党並びに国民・消費者が真摯に検討し取り入れて、真に日本の漁業・水産業の再生を導く新しい漁業法制度・システムとして迅速に反映することを強く真摯に期待したい。日本の漁業の総生産量と生産金額はピーク時のそれぞれ3分の1と2分の1に大きく減少した。日本全体のGDP（国内総生産）がピークの1990年には世界の約14.0%を占めていたが、現在（2021年）では僅か5.6%に落ち込んだ（IMF）こととほぼ足跡を同一にする。

漁業・水産業は、食料の供給産業として、食料の安全保障上でもとても大切である。また、世界から輸入される水産物がどのようにして漁獲されているかも不明瞭である。IUU漁業で漁獲されたものも多い。さらには、いつまでも世界の漁業国が日本に水産物を販売してくれる保障は全くないのである。現に2020年の水産物の輸入量が225万トンに減少してしまった。2000年には378万トンも記録していた。外国に頼ってはいられないのである。

2. 日本経済調査協議会「水産業改革委員会・高木委員会」の提言

この2018年の漁業法の一部改正に、日本経済調査協議会水産業改革委員会（委員長：高木勇樹・元農林水産事務次官）の2007年の「第1次水産業改革委員会・高木委員会の提言」が影響したことは衆目の一致するところである。上記の委員会の提言の発表後、2007〜2010年に自民党内閣下の内閣府規制改革会議、及び2011年民主党内閣下の行政刷新会議規制改革分科会で、水産業改革のために本提言が取り上げられた。直近では2018年の水産規制改革委員会の提言もあった。

2007年7月の日経調水産業改革委員会の提言と2019年5月の「第2次水産業改革委員会」の提言は、双方とも、それぞれが包括的な提言群から構成されている。本来であれば、それらを包括的に実行することで、我が国の水産業の再生が果たされる。

以下が日経調「第2次水産業改革委員会·高木委員会」の提言（表2）の概要であるが、その提言は7つの柱から成り立っている。7つの提言は、それぞれが独立しているが、相互に関連を持つ、包括的・有機的な提言となっている。

この7つの提言は、これらの提言をすべて実行することで、日本の漁業・水産業が大きく回復する。また提言の部分的ないしは大半を実行することによっても漁業・水産業は回復する。

第2次水産業改革委員会の提言の内容の説明に入りたい。提言本体は第2章に全文が掲載されており、それらを参照されたい。

第1に、海洋と水産資源は国民共有の財産であるとの概念を法制度に明示し、国家の方針として明確にすることである。水産庁も「海洋水産資源が国民共有の財産である」との方針で、行政を行っているとは頻繁に発言している。その点は評価されるが、その言葉は行政法のどこにも根拠がないのである。そして、状況や担当者が変われば、そ

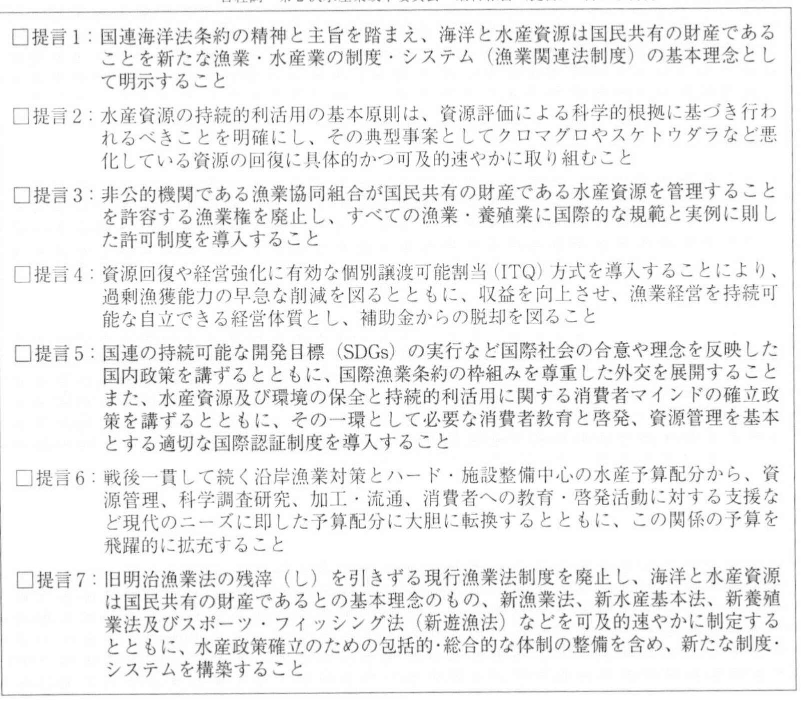

表２　日本経済調査協議会「第２次水産業改革委員会」2019 年７月の提言

日経調　第２次水産業改革委員会　最終報告（提言）＝新たな制度・システムの骨子

□提言１：国連海洋法条約の精神と主旨を踏まえ、海洋と水産資源は国民共有の財産であることを新たな漁業・水産業の制度・システム（漁業関連法制度）の基本理念として明示すること

□提言２：水産資源の持続的利活用の基本原則は、資源評価による科学的根拠に基づき行われるべきことを明確にし、その典型事案としてクロマグロやスケトウダラなど悪化している資源の回復に具体的かつ可及的速やかに取り組むこと

□提言３：非公的機関である漁業協同組合が国民共有の財産である水産資源を管理することを許容する漁業権を廃止し、すべての漁業・養殖業に国際的な規範と実例に則した許可制度を導入すること

□提言４：資源回復や経営強化に有効な個別譲渡可能割当（ITQ）方式を導入することにより、過剰漁獲能力の早急な削減を図るとともに、収益を向上させ、漁業経営を持続可能な自立できる経営体質とし、補助金からの脱却を図ること

□提言５：国連の持続可能な開発目標（SDGs）の実行など国際社会の合意や理念を反映した国内政策を講ずるとともに、国際漁業条約の枠組みを尊重した外交を展開することまた、水産資源及び環境の保全と持続的利活用に関する消費者マインドの確立政策を講ずるとともに、その一環として必要な消費者教育と啓発、資源管理を基本とする適切な国際認証制度を導入すること

□提言６：戦後一貫して続く沿岸漁業対策とハード・施設整備中心の水産予算配分から、資源管理、科学調査研究、加工・流通、消費者への教育・啓発活動に対する支援など現代のニーズに即した予算配分に大胆に転換するとともに、この関係の予算を飛躍的に拡充すること

□提言７：旧明治漁業法の残滓（し）を引きずる現行漁業法制度を廃止し、海洋と水産資源は国民共有の財産であるとの基本理念のもの、新漁業法、新水産基本法、新養殖業法及びスポーツ・フィッシング法（新遊漁法）などを可及的速やかに制定するとともに、水産政策確立のための包括的・総合的な体制の整備を含め、新たな制度・システムを構築すること

のような運用も簡単に変わる可能性がある。これらの可能性を排除するために、そうであれば漁業制度の根幹をなす「漁業法」に明記するべきである。法律に明示することは裁量の余地を排除する。

現在、海洋水産資源は「無主物先占」の原則（民法〔明治 29 年：1896 年〕法律第 89 号の第 239 条）のもとに漁獲されているが、そもそもこの規定自身、民法が制定された明治時代に遡るものであって、天然有限資源の取り扱いにも自由主義と個人主義が反映され、漁業資源の有限性が明確に認識されない時代のものである。所有の意思をもって漁獲された動産は、その者の所有物となるとの規定である。すなわち、所有権を明確にすることを優先する法律の立て付けになっており、天然有限資源管理の概念がない時代の民法の定めに拠っているのである。これが現在の国際法上の天然有限資源管理の概念には合致していないのは当然である。

戦後、1970年代には、国際社会でも狭い海が認識されるようになった。1977年3月には米ソ両国が200カイリの漁業専管水域の設定を宣言した。国連海洋法条約は、200カイリを排他的経済水域として沿岸各国が設定する権利を認めた。この条約では、各国の排他的経済水域内の海洋生物資源は、沿岸国が管理するべきであると定めている（国連海洋法第61条）。このことは、国民による自由な「無主物先占」を否定していると解せられる。すなわち、国家の責任で、これを管理しなければならない。国家は国民の信託を受けて、これを最良の科学的根拠に基づいて管理するとの規定が設けられた。

多くの国が、海洋水産資源、石油や鉱物資源などは、憲法や漁業管理法で「国民共有の財産」と定め、その上で、連邦政府や州政府が、国民と州民のために、その信託を受けて管理している。米国では海洋水産資源は無主物との扱いではあるが先占は許さず、国民の信託を受けて、国家が海洋水産資源を管理する。（表3）

そして、管理のために、国民が総参加するシステムを作り上げている国が一般的である。漁業者、科学者、NGO（非政府組織）と消費者も、科学的管理のプロセスに参加して意見を発言し、情報を提供する。これは、すなわち海洋生物資源は漁獲後に、流通・加工・運搬・消費される国民全般にとって大切な物資であるからである。その意味で、すべての国民がステークホルダー（利害関係者）であり、海洋水産資源の縮小・衰退は、国民全体の利益の減少並びに食糧の安全保障と国民の健康並びに地球温暖化にも悪影響を及ぼす。

第2には、海洋水産資源の活用と保護は、科学的根拠に基づく持続的利用と保護の原則に基づくべきである。長い間、我が国は、漁業調整と称して、漁業者の話し合いの結果を海洋水産資源と漁業の管理のルールとして漁業管理協定・自主的管理を定めてきた。これは、漁業

表3　世界の漁業政策・法制度の比較（2021年2月現在）

	日　本	米　国	豪　州	ノルウェー	韓　国
海洋水産資源の所有者	無主物先占	国民の付託を受けて国が管理	国／州民の所有付託を受けて国／州が管理	居住者の所有 国が管理	国が管理 国民の財産
科学資源管理／ITQ	漁業調整機能と科学的根拠とは無関係の自主規制 ITQ導入できず	17プログラムにキャッチシェア（IFQ）	連邦政府は22魚種34漁業にITQ	約25魚種にIVQ	11魚種にIQ 民間ベースでITQ マサバとベニズワイガニでITQ検討
養殖業	漁協管理の漁業権	連邦では個別事業者への許可制度	州の個別事業者への許可制度	政府の個別事業者への許可制度	個人への免許漁業権　事実上許可制
漁獲データの収集・提出	大臣許可漁業では提出が遅れる。 沿岸漁業は漁獲データに漁協が代わりに販売データを提出	全漁業でデータを収集 IT化も促進	全漁業でデータを収集、IT化も	全漁業でデータを収集	全国180漁港でオブザーバー立会にて収集：オブザーバーの判断を優先
漁業／養殖業の発展／衰退	衰退 1980年代から漁業・養殖量3分の1、金額は2分の1に縮小	大きく発展 漁獲量1.6倍、金額5倍	発展（特に養殖）漁業養殖量1.25倍	発展（特に養殖） 漁獲・養殖量2倍、金額2倍	養殖54万トン（1980年）が232万トン（2017年）

資料：各国統計や政府文書ならびに聞き取りから著者が作成

者と漁業者の合意のルール化であり、海洋水産資源の科学的管理とは無関係である。その結果、漁業者間の紛争と対立を抑制、緩和することはできたが、海洋水産資源は悪化の一途を辿ってしまった。従って、科学的根拠に基づいて海洋水産資源を回復する、すなわち、持続的な水準の漁獲量と資源量の科学的算定に基づいて漁獲量を定める方式に改めるべきである。

国連海洋法（第61条第5項）は、入手可能な科学的情報、漁獲量及び漁獲努力量に関する統計の他、「最良の科学的情報」とは何かを定義し、漁獲可能量を決定することを規定している（国連海洋法第61項第1項と第2項）。そして、環境上と経済上の関連要因を考慮して、最大持続生産量（MSY）を実現できるものにしなければならないとしている（国連海洋法第61条第3項）。その意味で、2018年の漁業法の一部改正は、MSY（最大持続生産量）の達成を目標として、それをルール化したので、これは第1歩として歓迎するべきである。しかし問題は、そのMSYを本当に達成するための運用をするかどうかである。水産庁と研究機関が定める「例えば50%の確率で10年後を目標にMSYを達成する」のでは、科学的、統計学的には意味が薄い。先進各国は90～95%の達成率をより短期間で目標にしている。この差は根本的に大きい。50%では、MSYを達成できずに、資源が悪化する確率も50%あることを示す。このことは、資源の管理にはならない。さらに、多くの魚種でMSYでの算定を導入することが必要である。政府は漁獲量の80%相当の魚種に、MSYをベースに生物学的漁獲可能量（ABC）を算定するとしているが、これではまだ、20種類の魚種・系統群にとどまる。欧米は50～200魚種・系統群に対してABCを算定しTACを定めている。ABCの算定にとどまらず拘束力のある総漁獲可能量（TAC）とすることが必要である。

第3に、漁業権を廃止し、許可制度をすべての漁業と養殖業に導入することが必要である。漁業権は、基本的に沿岸域の狭隘な漁場での漁業を原則禁止にして、そこでの漁業を免許（原則禁止の解除によって漁業を認める）制度によって、個人の漁業者（定置網漁業者と真珠養殖業者）と、漁業協同組合（漁協）に所属する漁業者に免許する仕組み（共同漁業権と団体区画漁業権）である。漁業者は、かつては多数に上り、これを管理することが行政では物理的に困難であり、この管理を漁業協同組合（明治漁業法では漁業組合）に委ねたと解せられる。しかし現在では、漁業就業者数は大幅に減少した。戦後直後の100万人（大正期には300万人と言われる）が現在は約14.5万人（2019年農林水産省統計）であり、さらに減少するであろう。専業の漁業者はさらに少ない。また、漁業権制度では、免許を受ける定置網漁業者も、基本的にその都度漁協との協議を強いられる。

また、第1と第2で見てきたように、国民共有の財産であるべき、ないし、国連海洋法第61条に基づき、沿岸国（国家）が管理するべきと規定された「海洋生物資源」を国家や都道府県以外の民間団体である「漁協」、すなわち、自らが漁獲する漁業者によって組織された「漁協」が管理することは適切ではない。そもそも海洋水産資源の「管理」とは、科学的に漁獲量を設定し、それを漁業者に配分し、モニターし、取り締まることを意味する。これらの一連の機能が「漁協」には法律上も実態能力上も与えられていない。国や都道府県が漁業者へ直接許可することが適当である。その際の漁場の分配も、これまでの漁協に代わり都道府県が行うのは当然である。

「許可」と「免許」の用語については「免許」は原則禁止の解除で、「許可」はその事業と行為を条件付きで許す意味と理解される。今後は「許可」に統一していいと考える。欧米諸国はすべてが許可制である。また、漁業権制度を採用している国は、日本と明治期から戦前まで日本統治下にあった韓国と台湾のみである。韓国は現在では事実上許可制度を採用している。

第４として、個別譲渡可能漁獲割当制度（ITQ）の導入が可及的、速やかに必要である。現在、民間ベースの取り決めで個別漁獲割当（IQ）が実施されている例が北部太平洋海域の巻網漁業にみられる。この漁業は、最近数年間に漁船の大型化が進展したため、業界全体で過剰な漁獲努力量と過剰投資になっているとみられる。

改正漁業法第21条及び第22条では個別漁獲枠の移転を認めている。であれば明確に漁業の種類毎にITQ制度の導入を政策として推進すべきである。

また、クロマグロ漁業は、8,000トン程度の漁獲枠（大型魚と小型魚）を約２万人もの漁業者が配分を受けて、過剰漁獲努力量の状態である。これらの経営統合と合理化は、米国や豪州などの例に倣い、ITQによって推進することができる。また、新潟県の甘えび漁業も新潟県の規制の下でIQが実施されている。後者については、行政の指導と監督のもとに、余剰を生じた漁獲枠の「ある漁業者から他の漁業者への移転」がすでに行われて、漁獲枠の有効活用が行われている。これを正式にITQとして制度化し、日本のITQのモデルとすることが好ましい。

その他に、沿岸の移動性のないアワビやウニの漁獲もITQとして、漁業者を少数に整理統合して管理する方式が豪州の南豪州などで成功している。このほうが、操業の安全と経費の節約にも好ましい。また、ITQの導入によって操業の回数と漁船数の減少が図られるので、燃費の節減にも貢献し、地球温暖化の抑制にも貢献する。

5月11日に世界貿易機関（WTO）のルール交渉グループ議長から、「新しい漁業補助金」に関する草案が発表された。それによれば、漁獲能力の増大につながる補助金や、過剰に漁獲され、悪化した資源に関する補助金を禁止している。水産予算は、漁業共済補償金のように漁業者に対する損失補填金として提供される。これは短期的には漁業者の経営の支援であるが、過剰漁獲努力量の問題の先送りでもある。中長期的に見た場合は、漁業者の経営の悪化の状態と自らのコスト削減の努力、自立を阻む。また、潜在的に過大な漁獲能力を保持することにつながり、過剰漁獲と資源の悪化の継続原因ともなる。これはWTOの禁止補助金を定めた5条1項の（d)、(e）と（h）に該当する可能性が高い。WTOとSDGs（国連・持続可能な開発目標）14.6では、非持続的漁業を促進する漁業補助金の撤廃を求めている。日本政府はほとんどの漁業補助金を持続的な補助金との立場をとっているが、国際機関・OECD（経済協力開発機構）やWTOで日本の予算、すなわち補助金を日本の予算に詳しい専門家を必ず入れてレビューしてもらうことが必要である。日本が補助金を投入した結果として、最近30年間漁業生産量と生産金額は減少し、漁業就業者数も減少している。補助金が日本漁業の再生には何ら貢献しなかったことは、補助金等の投入金額と漁獲量の動向からみたデータ上でも明らかである。多くの漁業補助金は、税金の無駄使いになっており、むしろ状況を悪化させた。

第５に、国際合意と国際協定を反映し、尊重した水産政策を講じることが必要である。また、そのために消費者にも啓発と認証制度・ラベルの理解のための情報を提供することが必要である。

我が国では、持続可能な開発目標（SDGs）への水産政策と水産業界の対応が遅れている。2015年に採択された国連の持続可能な開発目標は、2030年までに達成するべき17目標が盛り込まれている。海洋や沿岸域と水産業に関するものはSDG14（海の豊かさを守ろう）であるが、そのほかにはSDG6（清浄な水の循環）に関する規定で、「山地、森林、河川、帯水層・地下水、湖沼などに関する生態系の保護と回復」を求めている。SDG15（陸の豊かさを守ろう）でも「生態系の保全・回復と保護」を訴えている（表4）。これらが回復し、保護されて、初めて沿岸域と海洋の海洋生物資源が回復し、海洋生物資源を持続的に利用することができる。それがなければさらに海洋生物資源と漁業・養殖業は衰退する。

海洋生物資源の持続的利用も、消費者に伝えるべき内容である。日本の消費者はともすれば国産にこだわり、それが食の安全と安心とイコールとの判断を下す傾向がみられ、資源の健全性や持続的利用に関する理解は、諸外国の消費者と比べると意識と理解度が低い。

2018年12月に我が国は国際捕鯨取締条約（ICRW）から脱退を表明し、2019年6月30日から脱退した。その後自国の200カイリ内に、持続的利用捕獲水準よりはるかに低い漁獲枠（約220頭のニタリクジラ、ミンククジラとイワシクジラ）を設定している。北西太平洋の公海と南極海の公海は鯨類資源が極めて豊富であることは、国際捕鯨委員会（IWC）科学委員会での資源量評価でも証明済みである。しかし、こ

表4　SDGs（持続可能な開発目標：汚染防止、生態系保護と持続利用の抜粋）

国連資料から著者が翻訳し作成

目標		ターゲット	内容
2	飢餓をゼロに	2.4	2030年までに、生産性向上、生産量増大、生態系維持、気候変動や極端な気象現象、干ばつ、洪水及びその他災害に対する適応能力の向上、土地と土壌の質の漸進的改善を目的とする持続可能な食料生産システムを確保し、強靭（レジリエント）な農業を実践。
4	質の高い教育をみんなに	4.7	2030年までに、持続可能な開発ならびに持続可能なライフスタイルのための教育、人権、男女の平等、平和及び非暴力的文化の推進、グローバル・シチズンシップ、文化多様性と持続可能な開発への文化の貢献に関する理解を通して、全ての学習者が、持続可能な開発促進に必要な知識及び技能を習得できるようにする。
6	すべての人に水と衛生へのアクセスと持続可能な管理を確保	6.3	2030年までに、汚染の減少、投棄の廃絶と有害な化学物・物質の放出の最小化、未処理排水の割合半減及び再生利用と安全な再利用を世界規模で大幅に増加し、水質を改善。
		6.6	2020年までに、山地、森林、湿地、河川、帯水層、湖沼を含む水に関連する生態系の保護・回復を行う。
9	産業と技術革新の基盤を作ろう	9.4	2030年までに、資源利用効率の向上とクリーン技術及び環境に配慮した技術・産業プロセスの導入拡大を通じたインフラ改良や産業改善により、持続可能性を向上。全ての国々は各国の能力に応じた取組を実施。
12	つくる責任つかう責任	12.4	2020年までに、合意された国際的枠組みに従い、製品ライフサイクルを通じ、化学物質や全ての廃棄物の環境上適正な管理を実現し、人の健康や環境への悪影響を最小化するため、化学物質や廃棄物の大気、水、土壌への放出を大幅に削減。
		12.5	2030年までに、廃棄物の発生防止、削減、再生利用及び再利用により、廃棄物の発生を大幅に削減。
		12.8	2030年までに、人々があらゆる場所において、自然と調和した持続可能な開発及びライフスタイルに関する情報と意識を持つようにする。
14	海の豊かさを守ろう	14.1	2025年までに、海洋ごみや富栄養化を含む、特に陸上活動による汚染など、あらゆる種類の海洋汚染を防止し、大幅に削減する。
		14.2	2020年までに、海洋及び沿岸生態系への重大な悪影響を回避するため、強靱性（レジリエンス）強化などによる持続可能な管理と保護を行い、健全で生産的な海洋を実現するため、海洋及び沿岸生態系回復のための取組を行う。
15	陸の豊かさも守ろう	15.1	2020年までに、国際協定の下での義務に則って、森林、湿地、山地及び乾燥地をはじめとする陸域生態系と内陸淡水生態系及びそれらのサービスの保全、回復及び持続可能な利用を確保する。

れらの海域での鯨類資源の持続的な利用を放棄している。豊富な鯨類の捕獲は、餌となっている海洋生物資源の持続的利用にも貢献し、食物連鎖の最上位に位置する鯨類の生物学的特性の解明は、海洋生態系の構造と海洋の構造の変化を解明する上でも重要である。SDGsでも生態系のデータと情報の取得の重要性が指摘される。鯨類資源の科学的調査を通じて得られる科学データと分析は、貴重な資産であり、世界の海洋生態系の保存と保護にも貢献する。最近では南極海も含めて世界の海洋汚染が、農薬や工場排水及び原発の放射能廃棄物で深刻である。人類は長い間、海を汚染の投棄場と考えてきた。しかし、海の浄化力も限界である。汚染を知る指標として、鯨類は食物連鎖の最上位にあり、最適である。

また、クロマグロは資源状態が悪化している（初期資源の4.1%）。そもそも、通常の資源・漁業管理の目標に照らせば基本的に漁獲の禁止レベルであるにも関わらず、漁獲量の増大を目指すなど、国際的合意に沿った問題解決から逸れる傾向がみられる。さらに北太平洋漁業委員会での対象魚種であるサンマの資源量の悪化が著しい。2020年の日本の漁獲量は3万トン弱で、世界の漁獲量も13万トンであったが2021～22年の年間漁獲量（TAC）を333,750トンと合意した。このような状況ではなおさら科学に基づく資源量でまず合意することが必要である。その上で、それに基づく総漁獲可能量（TAC）に合意することである。各国の漁獲量の3倍程度のTACでは資源の管理は適切には行えない。何よりも科学的根拠の尊重が基本であろう。

第6は、水産予算を、時代のニーズと水産業の全体の要請に合った包括的なプログラムを含んだ内容に組み替えることが必要である。現在の水産予算は、沿岸漁業、漁業協同組合と漁港整備などハード予算が主体である。「水産予算」という名がつくが、消費者を含め、国民のためのオール水産に対する予算の構成と内容からは乖離している。

水産業は、漁業も沿岸漁業に加えて、沖合漁業と遠洋漁業、河川湖沼内での内水面漁業もある。また、水産加工業、流通し販売する卸売・小売業や運送業もある。さらには、外食産業とホテルも水産物の重要な供給先・利用者である。水産物の輸出と輸入も重要なセクターで、レジャー産業としてのスポーツ・フィッシング人口も600～900万人を数える。これらのすべての関係者に対して、かつ、国民共有の財産である海洋水産資源を取り扱う観点から、水産業の予算が構成され、使われるべきである。また、その予算内容も「資源の管理」と、そのための漁獲データや、資源の調査の推進とその体制の強化、「消費者市場・マーケット分析」も入れることが重要である。しかし、沿岸漁業者に対する損失補填金、漁業共済補償金が500～700億円（推定）を占める他､公共事業のハード予算が水産予算の過半数を占めている。この予算はコンクリートによる漁港の改修や施設建設が主であるが、すでに、漁業生産量も、漁船数も減少し、ニーズは大幅に減少している。また、適切な環境アセスメントを経ずに行われる、藻場や干潟と湿地帯などを喪失して埋め立て・建設されるこれらの施設は、漁業生産量と海洋生物資源の減少を招いている。ハード予算の効果が事前にも事後にも評価されていない。堤防や潜堤並びに漁礁の建設にも、それらの科学的な評価が必要である。これらも含めた科学評価予算は足りない。

第7は、2018年12月に、漁業法の一部改正が行われたが、その一部改正は、明治時代から続く漁業権制度の維持や、科学根拠を持たない漁業者間の合意に基づく漁業者協定と自主的規制を主要な内容としている。また、IQは導入されるが、ITQの導入が含まれない。海洋生物資源を国民共有の財産とすることや、豊かな海洋生物資源を養成する海洋生態系の回復、適切な管理の概念と気候変動と温暖化対策が含まれないなどの課題がある。

従って、まずは、海洋水産資源を国民共有の財産と明確に位置付け、これを科学的に、不確実性が入り込む余地を最小限にしたMSYを達成するABCの算出と、ABCを常に下回るTACの設定が、基本的に重要であるが、これが満たされていない。そうであれば資源の回復は不可能で、むしろ資源は悪化する可能性がある。これら不確実性の排除の規定を米国並みに漁業法体系に明記することである。

また、漁業の制度に関しては、経済的利益の達成と漁獲努力量の削減を目指す場合にはITQの導入は必須である。ITQの導入と漁業権制度を廃止して養殖業も漁業許可制度に移行するなど提言の1〜6までの内容を入れて、根本的な漁業法制度を確立するべきで、全く新しい新漁業法を制定することが必要である。

合わせて、海洋の栄養状態の収容力などを基にして養殖量を決定し、養殖海域を特定する。それらに対して許可制を導入することなどを内容とする新養殖業法を制定すること。ライセンス制にして漁獲の根拠を与え、漁獲量の制限（欧米の例に倣い１回当たりの漁獲制限）を課すスポーツ・フィッシング法を定めるべきである。

そして、水産業全体を網羅し、かつ海洋生態系の概念を入れ、海洋生態系を陸・河川との関係や、陸と河川と海岸と海洋を面と層としてとらえた水産政策樹立を目指す新水産基本法の成立も急ぐことが望まれる。

さて、次に上述の日経調「第２次水産業改革委員会」の提言はどこまで、取り入れられたのかを見てみたい。

3. 2018年の漁業法の一部改正の重要なポイント

第1のポイントは、法律再編と統合面から、今回の一部改正「漁業法」と「海洋生物資源の保存及び管理に関する法律（TAC法）」（平成8年法律第77号）とを一体として取り扱い、後者を前者に統合して廃止し、さらに水産業協同組合法の一部を改正したことである。これによって国連海洋法条約を受けて、海洋生物資源の保存と管理を主たる内容とする「TAC法」と、歴史的に我が国の漁業者間の人間関係を主体とする話し合いで「漁業者の管理」を行ってきた漁業法体系とが、ようやく一体化されることになった。このような法律の再編成・統合は時代の要請に合ったもので、かつ漁業法体系をわかりやすく有機的に統合するものとして歓迎するべきことである。

この法律の再編成・統合は、本来であれば、日本が1996年（平成8年）に国連海洋法条約を批准した時になされるべきであった。

そして、この再編と統合にあたっては、旧明治漁業法の流れを汲んだ沿岸域を中心とした漁業と漁業者の管理を漁業者間の話し合いの結果を行政規則（各都道府県の漁業調整規則）や漁業協定・漁業者の自主規制とする内容をやめて、国連海洋法の科学根拠による漁業資源管理に変更するのが基本である。しかし、国連海洋法の批准の後も、最良の科学情報に基づいて海洋生物資源管理をするべきであるとする国連海洋法条約と適合しない漁業協定と自主的規制の内容を維持したままである。これらは資源の管理に効果が薄いインプット・コントロールである。

すなわち、国連海洋法条約を批准する際に、海洋法条約の主たる内容である沿岸国（日本政府）が、科学的管理とアウトプット・コントロールを取り入れるために漁業法を大幅に変更するか、あるいは新漁業法を国連海洋法に合わせて新たに成立させるべきであった。しかし、これをしなかった。代わりに、漁業法は全く手つかずにしたまま、TAC 法を制定した。そこで明治以来の伝統を有する漁業法と、科学的根拠をベースにするアウトプット・コントロールを主体とする TAC 法（しかも、科学的根拠に基づく漁業管理が下記のように中途半端なまま）の２つの法律を持つことになり、お互いの法律が相矛盾した。また、TAC 法によるアウトプット・コントロールが、科学的根拠を無視、軽視する運用（下記 MSY の問題に加えて、TAC 法の施行後 10 年間程度 TAC が ABC を 2〜3 倍も上回るなど）がなされ、不十分であった。したがって、国連海洋法を批准した 1996 年から 2021 年までの 15 年間で、日本漁業はさらに衰退した。今回の漁業法一部改正では科学的根拠をベースにしたアウトプット・コントロールで MSY を導入し進展したが、MSY の達成確率が約 50％と低く目標設定した。これでは MSY を半分の確率で達成できないことになり、科学とは呼べない代物である。西洋先進諸国に比べて改善の余地は大きい。

第２には、「漁業権の免許の優先順位が廃止された」ことである。このことは評価したい。しかし不十分である。

戦後直後、沿岸域における漁業者は 100 万人にも上り、沿岸域に収容する責務を政府が担ったが、その際に、漁業就業者間の軋轢を最小限にしつつ、いかに漁業者を沿岸漁業に収容するかが課題であったので、漁業者の就業に優先順位をつけることが最も差し迫った課題と考えられた。しかしながら、現在では沿岸漁業者数も 14.5 万人（2019 年・農林水産省：漁業就業者動向調査）であり、新規漁業就業者が 1,900 人程度、漁業の後継者も不足している。

2018 年の安倍首相の所信表明演説にみられるごとく新規の参入を促し、参入漁業者・養殖業者の奨励が沿岸漁業と養殖業の活性化に必要な状況であり、「優先順位の廃止」が漁業権の改革の柱であることは明らかだが、現状では漁業者間の優先順位が廃止されたに過ぎない。廃止しないよりは廃止された方が良い。優先順位は漁業者間のみの優先順位で、かつ漁業者以外を排除する規定として残る漁業権は、時代に即しているとは考えられない。概念上、実態上、かつ制度上も古くなった漁業権そのものの廃止、都道府県が直接許可する漁業の許可制への移行が適当であろう。そうすることにより制度として分かりやすくなり、一般の事業者や企業並びに個人の新規参入を促すことができる。

また、漁業権を既得権者に与える場合、養殖業を「適切かつ有効に」営んでいるかどうかに関して、「適切に」については、漁業者の操業が実際に行われているのかどうかの認定と、漁業者による漁場が「有効に」、かつ実際にどの程度のスペースと期間において利用され営まれるかが判断の材料でありカギとなる。それらの具体的なケースを水産庁が示さなければならないのであるが、その説明は不明瞭である。水産庁も恣意的運用の余地を残した。しかし、法制度は明確に規定することが大切である。

本来の漁業への許可の基準として、ノルウェー政府の養殖業者への養殖業の許可の発出の基準を見ると、

「①漁業者が利益を生み出し、継続的に事業を実施する能力と技術力である経営力があるか、②漁業資源を持続的に利用し、かつ養殖場の環境を保全する義務を履行する海洋環境の保護の能力と意思があるかどうか、並びに③その他労働法、環境法と漁船安全航行など法律順守の３つの基準を設定することである。」

と考えられている。我が国も、これらを養殖業者への許可の発出の基準とするべきである。

第３に、沿岸漁場の管理制度が創設されたことは適切ではない。漁協や一般社団法人が沿岸漁場管理団体を形成し、都道府県から漁場の管理に必要な場合に、「保全沿岸漁場」として指定されることがある。これは、今まで、漁協が、企業から漁場管理料他の名目で、不透明で名目と金額が明確ではない金銭授受があったものに対して法的な根拠

を与えようとするものである。漁場とは、国や都道府県がその使用を必要とする者に条件を満たした場合に許可するべきものある。そして、その使用料は本来、国か都道府県が、国民や県民に成り代わって、漁場使用の対価として、利用税として徴収し、国庫ないし自治体の財政金庫に納入するべきであろう。漁業協同組合が徴収するものではないと考えられる。

漁業協同組合に沿岸漁場管理保全能力と機能が備わっているかどうか。沿岸漁場保全は、現代においては、その漁場についての経験的な知見と法令上の解釈のほかに、漁場や海洋並びに海洋水産資源に関する科学的知見を有することによってはじめて実行できる。しかし現在の漁業協同組合は、よそ者が入ってくる際の認知力はあろうが、その職員に科学的専門性や、法律の専門性を有した専門家を雇用してはいない。ほとんどが地元の採用で、地元のつながりの中で採用されており、法律、科学とITなどの専門性での採用にはなっていない。そのような漁業協同組合と一般社団法人（どのような内容かは明記されず）では、沿岸漁場の保全と管理が適切にできるのか不明瞭である。このままでは一種の縄張りの概念と類似する可能性がある。

第４に、科学的根拠による資源評価が、最大持続生産量（MSY）の考えに基づくものとされたことである。これは歓迎したい。これまでは、漁獲可能な資源量の最低水準を決めて、それを下回らなければよいとされていたが、そのことに代わり、明確なMSYの基準が導入された。MSYを実現するために目標管理基準（Target Level）、限界管理基準（Limited Level）の双方を設定することとされた（漁業法第12条）。しかし問題は、米国や欧州諸国は通常、MSYの達成確率を90～95％以上に置いているが、日本では50％以上としている。これではMSYを達成するか否かは、半分半分の確率であり、達成できないことが頻繁に生じる。

今後、漁獲量の80%に相当する魚種に総漁獲高可能量（TAC）制度を導入すること、すなわち25種程度をTAC制度の対象とすることを目指すとされた。欧米は50～200魚種・系統群をTACの対象としている。（なお、系統群とは、ある一定の海域に生息する魚種などの一団をいう。日本海に生息するマサバはマサバの日本海系統群という。また、太平洋にもマサバは生息するが、太平洋に生息するマサバをマサバ太平洋系統群という。これらは別々の資源のグループに属する。科学的には別々に管理するべきである。欧米は系統群ごとに別々に管理している。）

また、今後10年でMSYの達成を目指すのでは遅い。魚種のTACが設定される場合に系統群のABCが合算される現在の日本のTACの計算では、TACとしての意味はなさない。それぞれの系統群ごとに生物学的許容漁獲量（ABC）を算出し、それぞれをTACとしなければならない。

サバ類において、日本海（東シナ海系統群）と太平洋系統群を束ねることをやめたことは英断であるが、科学的には当然のことである。しかしサバ類の場合、全く異なった暖海性のゴマサバと、冷水海性のマサバを一緒にしてサバ類としてTACを設定することは、科学的に適切ではない。シロナガスクジラとミンククジラは鯨類でも異なる種類であり、異なった資源の管理をするのは当然である。

第5に「TACをABC以下に設定することを明確に定めること」は、今後の課題として残った。米国など諸外国では、ABCを系統群ごとに定めれば、即座に資源評価の誤差と不確実性を考慮して、ABC以下にACL（年間漁獲レベル）を定めて、さらにそれ以下にTACを定めるのが科学的には当然である。しかし、我が国でも、βを漁獲率に対して安全係数として設定する考えを導入した。しかし、MSYの達成度合いを調整する材料としてのβとするのは適切とは言えない。厳格にMSYを達成するレベルのABCを科学的に求めたのちに、さらに不確実性を排除するために安全係数としてかけるものである。そしてその安全係数は、米国の漁業・保存管理法に倣えば、漁業法で明確に定めるべきであるである。

今回の漁業法の一部改正でも、この点は盛り込まれなかった。過去には、社会経済学的状況を考慮して、水産庁はTACをABCから大きく逸脱した高い水準に設定した。科学的根拠を無視したことになったが、この慣行が長く続いたので漁獲量が大きすぎた。その結果、資源の悪化と漁業の衰退が継続したのである。

また、社会経済学的観点を考慮するには、社会経済学的データの収集と経営データの収集の義務付けも必要である。我が国では、行政機関によって、漁業の経営指導や経営分析を目的として、これらの経営・経済データが収集されたことは、これまでなかった。米国では、既にキャッチシェア・プログラムのもとで2007年から経営・経済データの収集も開始した。

第6に、漁獲データの収集と報告の義務付けがなされたことは評価されるべきである。大臣許可漁業、知事許可漁業と沿岸の漁業権の漁業について、報告書の報告事項のリストを早急に定めることが必要である。この意味において、TAC対象魚種の漁獲は、知事が管理する漁業をも含めて報告対象であること（漁業法第26条と第30条）と、漁業権漁業と知事許可漁業も含めて漁獲量・操業日数などの報告義務があること（漁業法第58条と第90条）、それらの報告漏れや虚偽への罰則（漁業法第193条）が規定されている。

これらのリストは、資源の評価が可能となるリスト：【操業日数、漁船サイズ、漁網の大きさ（長さと幅）、網は何枚か、網目の大きさ、投網回数、漁業操業海域、漁獲量、魚種別の漁獲量とサイズ】などを義務付ける必要がある。このような魚種別・海域別の漁獲量と漁獲努力量のデータは、資源の状態を評価する上では基本的に重要なデータである。このうちの大半は全漁船から提出させる必要があるが、一部のデータは、オブザーバーが乗船して収集するサンプル調査でも可能である。

現在、漁業権に基づく沿岸漁業と養殖業については、漁業権の免許を受けている漁協が漁業者に代わって漁獲データを収集しているが、上記のリストから分かるように、これらを漁協が収集するのは困難である。漁業を営んでいる漁業者が直接に報告する義務とすることが大切である。また、水産系・理科系の大学を卒業した科学オブザーバーが指導に当たるシステムの導入も必要かもしれない。

また、これらの漁獲報告書は、帰港日から即日の提出を義務付けることが大切である。漁業者が正確には報告しないケースがあるとの判断に立つべきで、その報告が正しいのか検証のシステムとともに実行するべきで、漁船にオブザーバーを乗船させるか、漁船に監視カメラを搭載するべきである。また、カメラは漁船の複数の場所に搭載するべきである。沿岸漁業のケースでは、科学的素養を備えた専門家を、沿岸漁業者からの漁獲報告書・データのために主要な各漁港に常駐させることが必要である。

第7として、IQ（個別漁獲割当）の導入については評価される。しかし、準備が整ったところからとして、導入の期限を定めてしまい、IQの導入がいつになるかわからない。またIQという譲渡を認めない制度では、漁獲枠の使用が硬直的で、未使用枠が生じるので、投資規模とコスト削減に関する経済的効果は限定的である。ITQ（譲渡可能個別漁獲割当）は、漁獲枠の統合や集積的使用を目途として、経営の合理化を促進する。IQでは他の漁業者への譲渡と移転が禁止されており、経営の合理化が促進できない。したがって、有効な手段はIQではなくITQであり、西洋諸国はITQを導入し実施している。むしろ日本も、漁業の衰退の進む日本だからこそ、早急にITQを導入し、経営の統合と経営体の合理化を推進すべきである。このことは沿岸の小型漁業者にも該当することである。

改正漁業法を見ると、農林水産大臣は、「特定水産物」(TAC対象魚種)毎に、管理年毎に、漁獲可能量とその内訳としての「都道府県漁獲可能量」と「大臣管理漁獲可能量」を定める（漁業法第15条）。また「知事管理漁獲可能量」を定めることができる（漁業法第16条）とされた。

さらに、漁業者は、大臣または知事に申請して、船舶毎の漁獲割当の割合を申請することができ（漁業法第17条第1項）、大臣または知事は漁獲割当割合を設定することができ（漁業法第17条第3項）、その後、漁獲割当量を設定する（第19条第1項）とされた。

しかし、IQの移転に関しては制限がつけられ、船舶間でIQ枠の移転に関して、その船舶の継承（継承後減船と使用の廃止等をする）の場合に限るとされたが、欧米諸国のようなIQの一般的な移転と譲渡は認められていない（第21条と第22条）。IQはすでに2017年の第4次水産基本計画に盛り込まれた。改正漁業法では「TAC管理は個別の漁獲割当によることが基本としつつも、IQの準備が整っていない場合、管理区分における漁獲量の総量で管理する」（漁業法第8条）とされる。

しかしながら、TACの総量が決まっているのはわずか8魚種にとどまっている。その範囲内でしかIQも進まない。IQの推進に水産庁が積極的に関与するようには見えない。この点が米国やノルウェーと豪州政府との違いである。これらの各国は、政府自らがITQ（ノルウェーの場合はIVQ）の導入の推進役となった。我が国においても行政機関が主導権を握り、IQのモデルを提示して漁業者間の議論を積極的に促し、自由な討論の下で、適切なIQとITQの在り方に合意することが妥当である。そのプロセスでITQを選択する漁業者業界も出現しよう。

経営の合理化や組織統合や投資コストの削減が進むのはITQである。

《原発は海を温め、地球温暖化を促進する》

・原発の出力増大ともに福島の漁獲量激減

1970年代前半から90年代前半まで世界一の漁業・養殖業生産量を誇った我が国だが、その後、急激に減少し、現在は第10位にまで陥落した。

その原因は針葉樹林の放置やダム建設ならびに土砂採取など森林と河川の環境の劣化に加えて、沿岸域の埋め立てや堤防建設などにより、生産力が豊かな湿地帯、干潟、河口域と砂州と汽水域ならびに藻場が喪失したことである。

さらに、原子力発電所からの温排水や都市・下水排水などが水温上昇と汚染源として水質を劣化させた。

・海水温0.5〜0.7度／年上昇を引き起こす熱を供給

摂氏285度まで熱せられた原発の原子炉を冷却した海水が、投入時より7〜10度高い状態で海洋に放出される。その水量は1,000億トンと推定されるが、日本の沿岸・沖合漁業と養殖業が行われる沿岸域3マイル（14.3平方キロメートルで水深を10メートルと仮定し1兆4,300億トン）の海水温の0.5~0.7度の上昇を引き起こす熱を供給している。

温排水の放水時は高温であり、その高温、放射性物質、化学薬品でバクテリア、プランクトンと原生動物（プロトゾア）などを死滅させて死の水となった温排水が、魚類と貝類の生産量を激減させたと考えられる。

原発の電力として利用する熱効率は非常に悪くわずか34％で、残り66％の熱は海洋を温めることに無駄に使われる。我が国における原発の実発電量はわずか6.4％で、液化天然ガス（LNG）の37.4％や新エネルギーの9.3％（2019年、資源エネルギー庁電力調査統計）に比較してはるかに小さい。米、独、フィンランドなども脱原発に向かっている。

温排水で海水温は上昇すると二酸化炭素（CO2）と酸素の海洋への溶解度は低下する。現在、地球に排出される総CO2の約3分の1は海洋に吸収されているが、溶解量が熱で減少する。また、表面の水温が上昇し、深海との対流減で栄養補給が減少し、植物プランクトンの発生が減少する（国連の気候変動に関する政府間パネル〈IPCC〉報告書）。それを餌とする動物プランクトンや魚類が減少する。そして生体に同定・内包される炭素（CO2から吸収）の量も減少する。

また、地球上の酸素の約3分の2は森林ではなく、海洋が供給する（“Aquatic Pollutants in Oceans and Fisheries.”NTN：National Toxics Network, 2021年4月, P12）。

・4月13日廃炉・汚染水閣僚等会議で福島第1原子力発電所の処理水の海洋投棄を決定

4月13日に政府は第5回廃炉・汚染水・処理水対策関係閣僚等会議で福島第1原子力発電所の処理水の海洋投棄を決定した。福島第1原発の処理水は約2年後に、海洋放出が開始される。現在、東京電力の処理済み汚染水は約125万トンである。しかし現時点で基準値を超える汚染水が72％もあり、これを再び多核種除去設備（ALPS）で処理する。その際ALPSで取り除けないトリチウムは原発前の海水で薄めて、法定濃度の40分の1以下にして放出するというが、このやり方では直接、汚染原液を流すことと変わらない。

福島県の塩屋崎などの定置網漁業の漁獲量は1981年に9,500トンを記録したが、その後急速に減少し、2000年にはほぼゼロになった。この間に原発の出力は470万キロワット（1981年）から900万キロワット（2000年）に増大した（資料：農林水産省と東京電力）。このように、漁業は衰退した。

4月28日に40年を経過した原発の再稼働を表明した、もう一つの原発推進の福井県でも福島県同様の傾向が明確に見られる。4万6,000トン（1972年）だった漁獲量が、現在では1万2,000トン（2019年）と約4分1まで減少した。原発の出力はほぼゼロ（1969年）から90年代以降は1,200万キロワット弱になっている。また、原発が立地する福井県と、原発のない富山県の漁業生産量を比較すると、福井県の漁業生産量の減少が著しい。

・影響調査の即時開始を

今回の福島の騒動と、2050年までのゼロエミッションの菅宣言を契機として、全原発、東海村と六ヶ所村核燃料再処理工場が立地する沿岸域の原発の温排水の単なるベクレル量モニターを超えた海洋生態

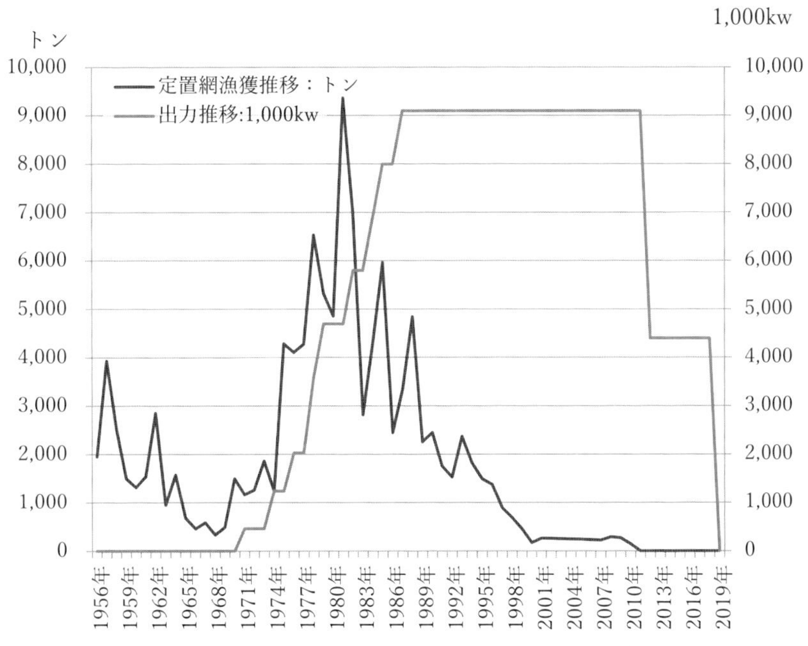

図1　福島県の定置網漁獲量推移と原子力発電出力推移
原発の出力の増大とともに福島の定置網漁業の漁獲量がゼロ

系の総合調査と温暖化への影響調査を至急、開始すべきである。原発は海洋温暖化を通じ、地球温暖化に寄与している。海洋と水産資源にとっては悪いことだらけである

原発と海洋生態系や漁業との関係の解明にチャレンジすべきである。これまでタブー視した感がある原発に関して、悪影響について真っ向から取り組むべきである。将来の日本人の世代にとっても人類にとっても取り返しがつかない事態を招きかねない。

4. 日本漁業法制度の歴史

既述の漁業法、漁業法の一部改正並びに日本経済調査協議会「水産業改革委員会」の提言を理解するためには、日本の漁業法制度の歴史を知ることが有益であると考えるので、簡潔に説明をしたい。

江戸時代以前、日本は四方を海に囲まれた海洋国家であった。そのために食料の多くの部分を海からの幸に頼らざるを得ない宿命にあった。そこで太古の昔より漁業が発達する。日本人と漁業の係わりは奈良時代の大宝律令（701年）にその記載がある。「山川藪澤海苔（さんせんそうたくのり）、公私之を共にす。」と定められ、誰がこれを獲ってもよいこととされた。それ以前の日本各地には貝塚が残り、マグロやタイ、カキやホタテなどを利用していたことがわかっている。また、捕鯨やイルカの沿岸域での漁業では縄文時代からの記録が残っている。

その後、徳川幕府が定めた「山野海川の入会」の原則では、「磯漁は地付き、沖合は入会」となった。したがって、地付きの磯の資源については、封建領主が漁業の集落にその漁獲の権利を与え、沖合の漁業については、だれが獲ってもよいこととなった。しかし、このほかにも沿岸と沖合の漁ともに、封建領主が参勤交代の支援や軍事使役の代償として、漁業の権利をある特定の集団や集落に与えることがあった。これが現在も入漁権として残り、ある沿岸地域の漁業権の中で他の地域の漁業者が権利を持つことがある。例えば、筆者の生まれ故郷の陸前高田市広田町のアワビの漁業権は、広田町の漁民のほかに隣村の小友町の漁民も入り込んで漁獲する。しかし、今は誰がこれを許可したのか誰も承知していない。

日本の漁業の発展は、江戸時代の元禄～享保年間（1688～1735年）以降であるが、商品経済も発達して、水産物に対する需要も増大し、漁業の技術・開発も進展した。しかし、幕末から明治にかけては、漁業の技術の伸びも生産も頭打ちになった。

・明治政府と漁業制度の確立

そこで明治政府は、それまでの慣行に基づいた漁業制度を改めて、これまで各藩でバラバラに許可されていた漁業の許可をいったん政府が官有化して、それを各人からの申請に応じて許可を貸し与える方針を取ろうとした（海面官有化宣言）。さらに海面の借地区制と雑税の廃止を決めた（太政官布告第23号）。しかし、これは、一度取り上げたものを誰に貸し与えるのか、回遊する魚類をどう管理するのかといった複雑な問題には対応できず、翌年に多くの反対を受けて取り消された。これから日本の漁業法制度の制定の遅れが生じる。

明治19年に漁業組合準則が定められ、漁業権という概念が初めて制度化された。沿岸の漁業組合が、漁業権を管理することとされた。「漁業権」とは、地先組合が管理する場所で、そこの地先の漁業者が漁業を営める権利のことを言う。

明治漁業法制定に当った陸奥宗光農商務大臣は明治24年の「漁業立法の趣旨」で、漁業を慣行で実施するのではなく、漁業法制度でコントロールすることによって明治法治国家としての体裁を整えようとした。

・旧明治漁業法の成立

明治34年（1901年）に第3回目の政府案の提示によって、漁業法が成立する。これを旧明治漁業法という。定置漁業権7種、区画漁業権3種と特別漁業権9種と専用漁業権（現在の共同漁業権の前身）が定められた。専用漁業権は2つに分けて、地先専用漁業権と慣行専用漁業権とに分けられた。前者は自らの漁村や漁業組合の地先の漁場を意味した。後者は地先専用漁業権の沖の漁場での漁業権で、地先の漁村のほかに慣行がある漁村の漁業も行政庁が吟味したうえで認めた。漁業権ついては特に定義がされていないが、その地域の漁業者が漁業組合ごとに漁獲をできる権利を言う、いわば「漁場という場所とそこで活動する漁業者」としての定義であると言えよう。漁業権については、いったん禁止したものを解禁する免許という考え方が取られる。また、沖合の漁業については、漁業の許可という制度が取られた。

・明治漁業法の成立

その後、経済状態の変化に応じて旧明治漁業法に改正を加えたものが明治漁業法である。明治43年（1910年）に成立した。その後、明治29年に成立した民法（法律第89号）の物権法に基づき漁業権を物権とみなし、土地に関する規定を準用した。このことにより、漁業権を担保に資金の調達ができる道が開けた。ここで漁業権は漁業組合に免許がされた。（当時の漁業組合は、網元や庄屋などの資本家で構成されており、戦後の小規模の漁業者と漁業労働者を構成員とする漁業協同組合とは異なる。）そして、その組合員がさらに組合から行使権を与えられて漁業を営む方式ができあがった。これが現在の漁業法にもつながっている。その後、昭和8年（1933年）の改正で、漁業組合がこの物権を活用して経済事業を行えることとなった。

・戦後の漁業改革：昭和漁業法の成立

GHQ（連合国軍最高司令官総司令部）の占領政策における根幹の目標は、軍事国家として日本が再度立ち上がることを阻止することであった。その要素として重大であったのが、日本人民と国家の民主化であった。農業と農村では、農民を農地に拘束するための農地解放と自作農の創設が基幹的命題となり、漁業では漁業の民主化が主目的となり、漁民を漁場に拘束するために漁業法の改正が行われた。

漁業権は漁業組合からは取り上げ、いったんすべての漁業権は政府が買いあげて、買取先に補償金を配った。そして新たに漁民主体の漁業協同組合（漁協）に漁業権を与えられた。補償金は返済する必要があり、漁業権を新たに受け取った漁業協同組合にその返済の義務があった。しかし、後に全国漁業協同組合連合会（全漁連）は返済を無しにすることを政治的に勝ち取った。戦後の漁業改革は、漁業での小規模な平等概念の導入であった。戦後は、網元や庄屋は沿岸漁業と漁業協同組合からは遠ざけられた。彼らは、漁業協同組合員（漁協）の正規組合員にはなれず、漁業権の行使権も与えられなかった。漁業権は小規模な漁業者に平等に与えられた。これが今日、沿岸漁業の経営の合理化や規模拡大、近代化を遅らせる原因となった。

漁業権は、真珠養殖業と定置漁業権を除き漁協に集中させた。共同漁業権、定置漁業権と区画漁業権を創設したが、基本的に漁業権制度そのものが存続し、明治漁業法を踏襲した。専用漁業権は共同漁業権となったが、最も経済的に価値の高かった浮き魚（イワシ、アジ、サバ）は共同漁業権の内容から除外された。したがって大型の巻網漁船が沿岸で浮き魚を引き続き漁獲できたため、旧網元や庄屋は力を維持できたのである。また、小規模漁業者が構成員である漁業調整委員会を設定して、多数を占める小型の漁業者の意見が、漁業の仕組みを定める時に反映できるようにした。しかし、規模の大きい漁業者、地域の住民や水産加工業者の意見は排除された。

・戦後漁業の問題

戦後直後から、経済状況の変化と漁獲技術の向上で、狭隘な沿岸漁場の資源の乱獲はますます進んだ。しかし水産庁は、当時の国会答弁を見ても何ら有効な手立てを講じていない。この点は現在における水産政策にも通じる。すなわち「一地区での生産性の向上を図ることは困難であるので広い範囲での向上を図る。」（藤田巌水産庁次長）と答弁している。また、イワシやサバの浮き魚を共同漁業権の対象から除いたことによって、沿岸漁場に大型の巻網漁船が侵入することが頻繁に起こり、沿岸漁業と大臣許可漁業と法定知事許可漁業の紛争が起こる。そして、これが原因で、沿岸漁業の荒廃が起こったが（大分県の佐賀関沖と八戸沖並びに山口県角島沖)、ここでも何ら有効な資源管理の対策が取られなかった。そして関サバは消滅し、巻網漁業もその後廃業した。我が国の漁業管理制度は、科学的根拠に基づいて決定するのではなく、時に感情的になる漁業者間の話し合いに結果を委ねた。漁業の荒廃は続き、漁業者間での人間関係と話し合いを手段とした漁業調整機能は、海洋生物資源の回復を達成できずその限界を示した。

・昭和37年(1962年)漁業法の改正

戦後直後、我が国の漁業者は、戦後の漁業法(昭和24年法律)はGHQから与えられた法律なので、「わが国独自の漁業法を制定すべきである」との動きを示した。これはGHQの撤退後の昭和25年頃から高まり、法律に基づき、「漁業制度検討委員会」が設立された。当委員会は農林大臣の諮問に基づき、農林大臣への答申の義務があり、昭和36年に答申した。本来であれば、沿岸漁場の狭隘性から生じる生産性の低さと、そのための過剰漁獲からの脱却に改革の道筋をつけるべきであった。しかし、結局はそのことには触れずに昭和37年(1962年)漁業法が改正されて、沿岸の養殖業は漁協の傘下に組み入れられ、定置網漁業も漁業権を免許する優先順位第1位として漁協が自営することを認めた。養殖も定置網も個人の営業が制約を受け、体制が強化された漁協組織が作りあげられた。この漁協の傘下で養殖業を営む漁業権を特定区画漁業権という。漁協の組合員でなければ養殖業が営めない仕組みがここにできあがったのだ。また、国際漁業について特別の支援を要する漁業は指定漁業とされたが、だからといって、外国での交渉は政府間交渉の結果次第であり、個々の漁業者の外国海域での操業に特段のメリットが生じるものでもなかった。

5. 衰退する日本漁業・養殖業

(1) 概況

日本では現在、漁業資源が悪化し、また養殖業も伸びが止まり、減少を示し、漁業・養殖業全体が衰退している。東日本大震災の後も、漁獲・養殖量の減少は止まらない。日本の漁業養殖量は、ピーク時（1984年）の1,282万トンから417.5万トン（2020年）に減少した。（図2）

この間に、200カイリの排他的経済水域から締め出された遠洋漁業は373万トン（図3）を失ったが、200カイリ水域内で操業する沖合漁業と沿岸漁業、並びに養殖業（海面養殖業）も急速に衰退している。沖合漁業は494万トンと遠洋漁業よりも大きい減少である。また、沿岸漁業も139.8万トンを失っている。これも沖合漁業と同様に日本の200カイリ排他的経済水域内の漁業であり、外国の影響は全くなく、国内独自の政策でコントロールや振興ができた漁業である。また、養殖業に至っては、世界のすべての国がその生産量を増大させているにも関わらず、日本だけが37.3万トンも減少している。したがってこれには、日本特有の原因があると考えられる。それは、養殖業を営むための漁業権制度にあるとみられる。加えて、埋め立てや海洋汚染による沿岸域の海洋生態系の喪失と劣化があげられよう。

日本漁業の衰退の原因は、まず、乱獲と過剰な漁獲を防止するための漁業法制度、特にそのうちの資源の管理制度が不十分、不適切で、資源管理が効果を発揮しなかったところにある。諸外国は、アウトプット・コントロールに移行したが、日本は未だにインプット・コントロールと漁業者の話し合いに委ねる手法を主体とし、この方策によって、乱獲と過剰漁獲を防止できていない。また、水産資源の生息場である沿岸域の生態系が埋め立てで失われ、陸域からの農業排水・農薬・肥料や工場と、都市からの排水と汚染物質の流入による生物生態系や生物多様性への影響が大きいと見られる。加えて、大雨や台風の

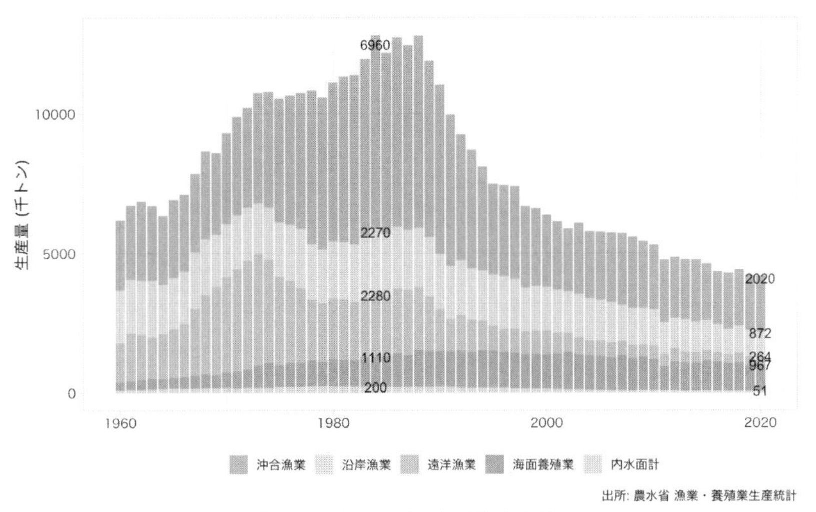

図２　日本の漁業・養殖業生産量

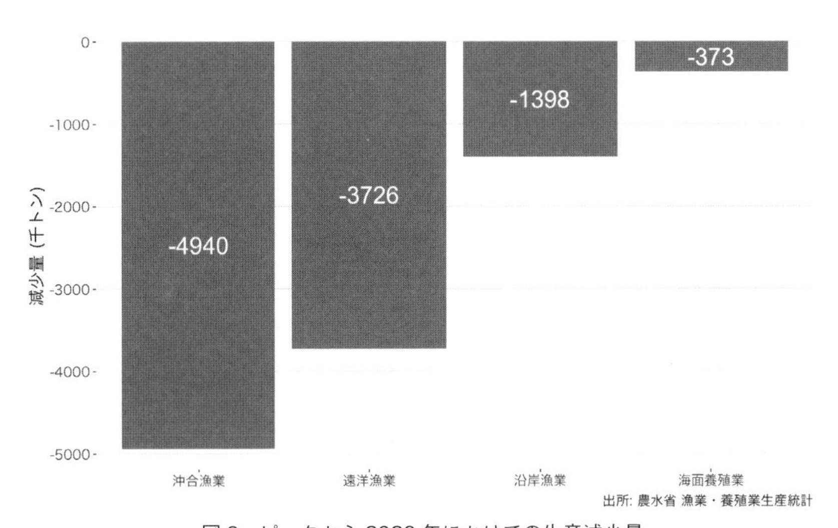

図３　ピークから 2020 年にかけての生産減少量

際に大量の雨水が河川から海に流され、平時には河川や伏流水の水量が大幅に減少したことも影響しているとみられる。

・魚種別の漁獲の動向

ここで魚種別の漁獲量を見ると、比較的多く漁獲されるマイワシ、マサバは最近、少し横ばいと漸増傾向がみられるが、基本的には急速に減少した。これらの魚種を漁獲する沖合漁業は、ピーク時の約700万トンから202万トン（2020年）まで大幅に減少した。サンマ、スルメイカとサケはさらに大幅に急減した魚種の典型であった。ピーク時の10分の1から20分の1まで急減している。クロマグロの漁獲量も減少している。底引漁業で漁獲するスケトウダラやホッケなども大幅に漁獲量を落とした。最近の20年間は、沖合底引網の漁獲量はゆっくりと減少を続け、漁獲するものがすべて減少している。これは、曳網の回数が多すぎ、網目が細かすぎ、ITQなど漁獲の総量規制が全く導入されていないことが原因である。東北地方や日本海側の漁港で

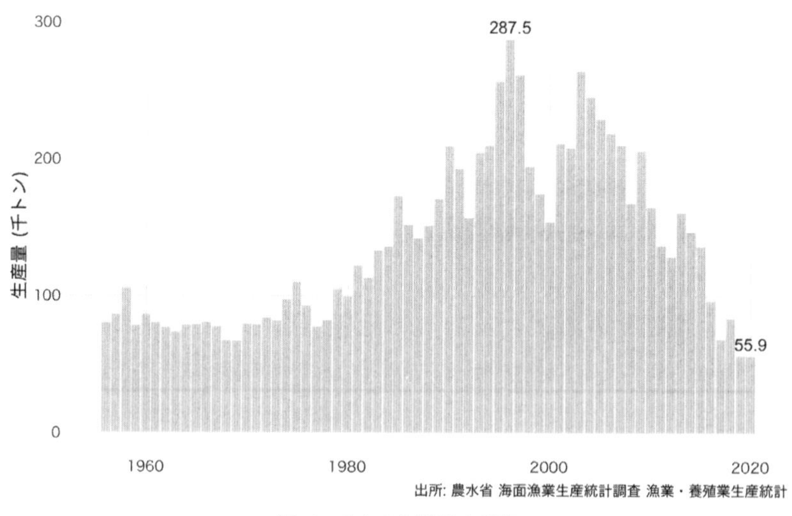

図４　サケの漁獲量の推移

は、マダラ、キンキ、ノドグロなどの極小魚が多獲される。

また沿岸漁業でも、オホーツク海と噴火湾のホタテガイも近年大幅に漁獲が減少した。2020 年では若干回復したサケ漁業は漁獲量が急減しただけではなく、魚体と魚卵の大きさが縮小化した。これは長年継続した孵化放流がサケの遺伝子の環境への不適合を招いていると考えられる（北田・北野 2020 年論文とアラスカ大学）。また、河川環境の悪化と網でのセキ止めで天然産卵が少ないのも原因と推量されている。サケの経済価値も急減している。2020 年では、日本全体でピーク時の 28 万トンに対して僅か 5.59 万トン（2020 年）の漁獲しかなく、本州最大の河川であった岩手県の津軽石川は、ピーク時には 20 万尾以上の回帰があったが、2020 年は僅か 7000 尾であった。

・200 カイリ排他的経済水域の設定

1970 年代から、諸外国による 200 カイリの設定時に、日本の 200 カイリ水域の見直しと生産性の向上の掛け声は、実際の政策とはかけ離れたものとなっていた。日本の漁業は、戦後「沿岸から沖合へ、沖合から遠洋へ」のかけ声の下、より遠方への拡大を果たしてきた。しかしそれは、自国の沿岸漁業の狭隘性と資源悪化とを放置したままだった。すなわち、根本的な自国の沿岸漁業の海洋生物資源の管理政策、並びに再生策を取らず、大型の遠洋漁業漁船を外国水域に進出させた。沿岸域や日本の 200 カイリ水域内の漁業の過剰な問題、漁獲努力量を削除することは先送りしたのであった。しかし、沿岸と 200 カイリ内でも、漁船・エンジンの性能が向上し、大型化して、漁獲能力が増大したため、また過剰な漁獲状態になったが、有効な手立ては取られなかった。1970 年代からの国連海洋法の交渉と 1982 年の国連海洋法の成立は、日本にとっても、漁業者の管理を目的とするそれまでの漁業調整機能や自主規制から、自国の海洋生物資源を科学的に管理する上では非常なる好機であった。しかし、日本政府は国連海洋法条約の精神と目的である科学に基づく持続的利用及び総漁獲量管理の方策、すなわち、アウトプット・コントロールを導入して、目に見える管理を実践するべきとの政策を採用しなかった。それには大きく２つの理由があると考える。

まず第１に、我が国の沿岸と沖合漁業には、長い間、漁業者間の話し合い、漁業調整機能と自主規制が漁業の管理とされ、それこそが漁業の資源管理にもつながるとの思い込みがあったことである。これは現在でもまだ続く。明治34年に制定された明治漁業法で漁業権が設定され、漁業者と漁業者の話し合いが優先した。行政の取り決めは漁業者の話し合いの結果を資源管理協定や漁業調整規則及び自主的規制に盛り込んだ。そこには漁獲データと科学データも乏しく科学的根拠も持続的利用の概念も少なかった。漁業者間の紛争解決と調停の考えが反映され、これを漁業法に定めた。行政では「漁業調整」と言う。漁業協同組合と海区漁業調整委員会もその漁業調整の機関として機能し、行政執行の代弁者として現在に至っている。

第２には、沿岸漁業の振興と政策に力を注ぐ余裕が水産庁にはなかったことである。当時の日本漁業の生産量1000万トンの30～40％を占める遠洋漁業の重要性から、政府は遠洋漁業の既得権の維持に全力を投入した。そして、60～70年代に台頭したアジア、アフリカと中南米諸国の海洋と海底資源の囲い込みの動きを読み切れなかった。また遠洋漁業国である旧ソ連邦やポーランドないしスペインなどに十分な力がなかった頃である。さらに、日本漁船の主たる操業海域であったアラスカ州を抱える米国も、戦前から日本漁船の締め出しを考えていたが、終戦直後は冷戦下の安全保障上日本の遠洋漁業を容認していた。しかし、日本の経済が活況を呈し、かならずしも漁業に日本経済が頼らなくてもよい状態となったため、米国から次第に日本の遠洋漁業は見放されるようになったと理解するべきである。そして、海洋生物資源が自国の沿岸域や経済振興にも重要であると理解した米国も国連海洋法を活用し、自国では1976年「漁業保存管理法」(マグナソン・スチーブンス法)を成立させて、日本漁業の排斥と自国水産業の振興を目指した。その結果1977年頃から始まった米国や旧ソ連邦ないし世界各国の200カイリ水域の設定により、そこから日本の遠洋漁業は次第に締め出された。ピークには約400万トンに達した日本の遠洋漁業の漁獲量は現在、26.4万トン(2020年)である。これを見ても明らかなように、我が国も他の国同様に、自国の200カイリ内の資源の適切な管理を実行することが唯一の方策である。

(2) 漁業の部門別の特徴

日本では、沿岸漁業・養殖業と沖合漁業ならびに内水面漁業・養殖業の全てが大きく衰退している。

1) 沿岸漁業

沿岸漁業は、主として10トン未満の小型漁船で営まれると、行政上は定義ないし取り扱いされてきたが、現在では漁船の大型化が進み、その定義他も当てはまらない。したがって各都道府県知事の許可の種類で沿岸漁業とするものと、漁業協同組合が漁業権漁業として許可しているものが沿岸漁業となる。これらは226.8万トン(1984年)の漁獲があげられたが、現在では約87.2万トン(2020年)に減少した。これら沿岸では、釣り漁業、刺し網漁業に従事する者が多く、特に厳しい規制も数量規制もなく、単に漁業の許可と漁船の登録で営んでいる例が多い。漁具や漁船の大きさに関する規制、ましてや漁獲量の規制はなく、漁獲者には漁獲報告の義務もなく、漁協での売り上げ伝票で処理されており、その伝票の信憑性も疑われる。アウトプット・コントロールに基づく資源の管理は行われていない。沿岸魚種でTACが決定された魚種は皆無に近い。新潟県でのホッコク赤エビのTACとIQの設定のみであろう。

新潟県でのホッコク赤エビのIQは2011年からその導入が開始さ

れた。その推進とモニター並びに改善を目的とした新潟県IQ管理委員会も、泉田裕彦知事（当時）の下で強力に推進されたが、2018年の知事の辞任で委員会が終了し、現在、IQ制度は存続しているが、他地区への普及が見られない。

また、沿岸域に定置網を敷設して行う定置網漁業は、他の漁船漁業の凋落とともにその重要性は増しているが、漁獲量の減少で他の漁業同様、経営の困難さを持っている。大型定置網漁業の漁獲量は23.8万トン（2020年）である。

我が国も10トン未満の漁船数が90%を占めているが、その経営状況は非常に苦しい。よって他の兼業や家族の兼業で漁家経営は成り立っているケースが多い。

2）沖合漁業

沖合漁業は、10トン以上で100トンから400トン程度の漁船により我が国200カイリ水域内を中心に営む漁業である。主として、大中型巻網漁業、沖合底引網漁業、サンマ棒受網漁業、イカ釣漁業やズワイカニかご漁業などがある。その経営は苦しく、漁獲の減少が最近では著しい。ピーク時には699万トン（1984年）の漁獲があったが、現在では202万トン（2020年）で、その主たる漁獲物は大中型巻網漁業によるマサバとマイワシであり、スルメイカやサンマ、ホッケの漁獲量の減少が著しい。収益性も悪化しているが、自主的な取り組みとして、平成22年（2010年）から実施中の北部太平洋巻網漁船のサバ類のIQ（個別漁獲割当）の経営状況を分析すると効果を上げている。しかし、このIQも、漁業法に基づくIQ制度への移行や経済的・資源管理効果があるとされるITQの導入には至っていない。

3）海面養殖業

養殖業の生産も減少の一途をたどっている。ピーク時には134万トン（1994年）の生産量があったが、現在では96.7万トン（2020年）と生産量が減少している。魚類養殖でハマチとタイが横ばいないし減少

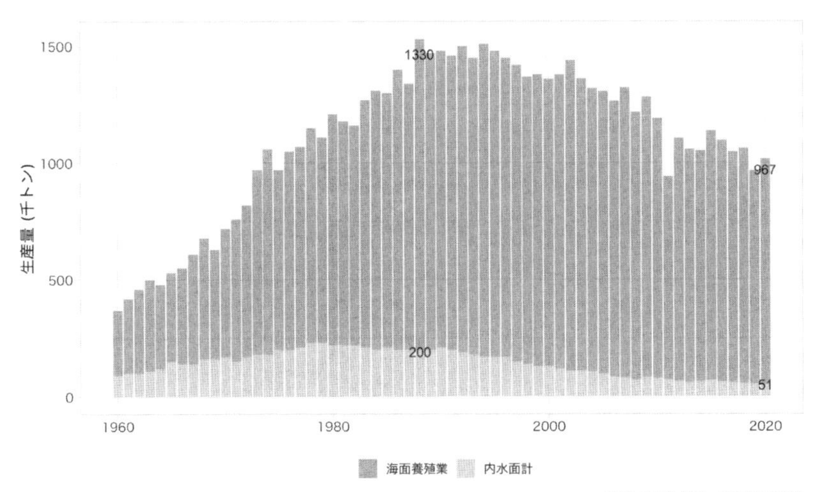

図５　日本の養殖業生産量の推移

している他は、貝類、海藻類も含め生産量の減少が見られる。2020年には若干減少したクロマグロ以外の養殖業は、2020年では若干増加したものの、カキ、ホタテやわかめ養殖業も毎年減少している(図5)。また年々高齢化も進んでいる。そのうえ新規の参入も進まない。漁協が他産業からの参入に反対していることと、小規模な養殖業では経済事業として魅力に乏しいことなどがあげられている。また、年々、沿岸の汚染、埋め立て、水害や温暖化の影響で、沿岸域の生産力が低下していることもあげられよう。

このような養殖生産量の減少は、世界の先進国では見られない現象である。原因としては、経営規模が小さく、現代的な技術が導入されていないといった技術的・経営的理由があげられる。さらに、養殖業を規制する漁業法に基づく漁業権などが、民主化・小規模な平等主義によって経営の近代化を妨げているなど、時代のニーズに合っていないことも大きい。例えば、漁協が管理する団体区画漁業権の制度は、その小平等主義の弊害で規模拡大が困難で、経済的な利益が出にくいものになっている。技術的な革新も少なく、漁協が新しい養殖業者の新規参入の審査をするにしても、年配の漁協の組合長と理事が多い組合では結果的に新規参入も難しい。新規参入が現行制度によって妨げられている。しかし、日本水産が境港で始めた養殖業や、岩手県大槌町での取組み（トラウトの海面養殖）は、制度に少しずつ穴が開放してきたことを示している。これらは、日経調の「水産業改革委員会」、「内閣府規制改革推進会議」と「第2次水産業改革委員会」の成果ではあるが、ペースが遅くて、改革の規模と件数が小さい。農林水産業のような長い歴史がある産業の改革は時間が長くかかり、改革にも多大なエネルギーを要する。

4）内水面漁業・養殖業

内水面漁業は昭和53年（1988年）に13.8万トンをピークに、内水面養殖業も昭和63年（1988年）の9.9万トンをピークに減少が継続している。その要因としては、内水面資源の生息環境の悪化、外来生物の被害はカワウなどの鳥獣被害があげられる。この中で最も影響が大きな一つは、河岸堤・堰の建設、工業・農業排水の河川への排出と取水により、良好な水量が大幅に減少したことがあげられよう。漁業生産量は2.2万トン（2020年）、養殖生産量は2.9万トンの合計5.1万トン（2020年）である。

このような内水面漁業の減少に対応して2014年に内水面の振興に関する法律（2014年法律第103号）が成立したが、その後も内水面漁業と養殖業の衰退は続いている。

II. 日本の漁業法制度の世界との比較と問題点

1. 日本漁業法制度の 4 つの問題点

我が国の漁業と漁業資源管理制度の問題点は 4 点に分けることができる。

①まず第 1 に、海洋水産資源を国民共有の財産と法律で明示していないことである。諸外国の場合は、国連海洋法条約の批准の前後でこれを明示するか、または国民から委託されて国家（行政規則）ないし州政府（州憲法）が管理の義務を明確に示している。これによって、海洋水産資源のステークホルダー（利害関係者）として漁業者だけでなく、消費者や NGO まで加わる根拠となる。また、国家や州政府・都道府県が住民・市民にわかりやすく、漁業政策と資源管理について説明する義務を負う。その説明は住民と市民には理解ができる科学的根拠が共通の言語となる。

②第 2 に、資源管理制度が機能していない。行政庁は、漁業者と漁船に対して免許、許可を発給するが、譲渡可能な個別の漁獲割当（ITQ）を配分していない。漁場や漁船の大きさの制限、インプット・コントロールのみであるか、総漁獲量（TAC）の規制があっても漁獲競争（Race for Fish）を行い（オリンピック制といわれる）、漁獲のモニターができず漁業資源の悪化につながる。漁獲データの収集も不十分である。また、この制度では市場を無視して漁獲が行われるので、経済的にも漁業の持続性が維持できないし、経済資源として無駄な利用となる。

③第 3 に、漁業権が排他的に作用し、参入制限を引き起こしてきた。外部からの資本、技術、労働とマーケットを持った企業の参入を阻止して、健全な養殖業の発展を妨げた。これは既得権を持った漁業

者は保護されたが、彼らの保護は沿岸漁業・養殖業の衰退につながった。新規にほとんど参入しないからである。また、現在の漁業者では、一部の若手を除いて、技術開発・マーケティングのノウハウを持つ者が不足している。これらの若手も年配者から圧力を受けて、改革も行えないのが日本の養殖業の随所にみられる。

④第4に、水産政策にオール水産業の観点が乏しいことである。水産といいながら「沿岸漁業と漁協」を重点とした対策を講じており、沖合漁業、流通や加工業は、ほとんど政策の視野と予算の対象分野から外れている。消費者対策も抜けている。したがって、大局的で国民全部を包括した水産政策が必要である。この意味で、①の海洋生物資源は国民共有の財産との位置づけは必須である。国民が総出で、国民のための水産政策の立案に参画し、国民のための政策とさせるべきである。いつまでも沿岸漁業と漁協のための行政であってはならない。

2. 国連海洋法条約と世界の対応

我が国の漁業の許可制度と漁業権制度は、「国連海洋法条約」が定める科学的根拠に基づく「アウトプット・コントロール」とは大きく異なる漁獲努力量の規制や、漁業者間の関係と契約に基づく「インプット・コントロール」を採用してきた。一方、アイスランドやニュージーランドおよび米国などは「アウトプット・コントロール」に移行した。

世界の主要国では、日本とは異なり、長年における漁業の自由な参入とインプット・コントロールから、1980年代中盤-1990年頃にかけて、漁獲の総量を規制するアウトプット規制を導入、実施している。これらは、インプット・コントロールが経験的に資源の管理と保護には役立たないとの判断からである。漁船の隻数や大きさを規制しても、エンジンの馬力を拡大し、漁網を長くし、操業時間を増やして漁獲能力を増大させることがしばしば起こった。そして、総漁獲量も個別の

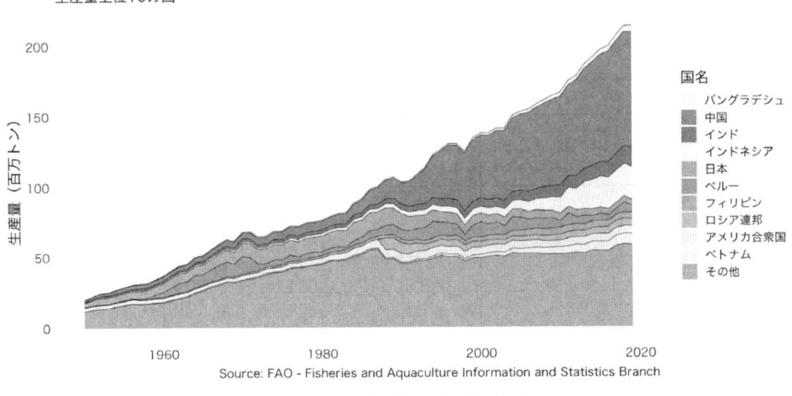

図６　世界の漁業・養殖業生産量

漁獲量のコントロールもできない。そこで、世界各国は1982年の国連海洋法条約と1995年の国連公海漁業条約（国連海洋法条約実施協定）で定められた科学的根拠に基づく漁獲量を規制する資源管理を導入した。

3. 日本の対応の遅れ

一方、日本の漁業法制度は、漁船の数や大きさなどにおいて、まだまだインプット・コントロールが中心である。機器類・漁具等の性能の向上によって、すでに参入している漁業者の漁船の漁獲能力が過大となっても、行政には適切な規制手段が取れないことを意味する。そのため、過剰漁獲が野放しとなって資源を悪化させている。インプット・コントロールは、諸外国からは、アウトプット・コントロールと併用して使用する際に効果があると評価される。

先述したように、日本の漁業法は、2018年漁業法の一部改正の前には、1962年（昭和37年）の改正のみが実質的な法律改正であった。一方、時代から遅れた漁業法を手つかずのままにして、日本は1996年（平成８年）に漁業法とは別の法律として「海洋生物資源の保存と管理に関する法律」（平成８年法律第77号）を分離し成立させた。漁業法が基本法なのだから、本来は漁業法に国連海洋法条約の目的と精神を入れて、「海洋生物資源は国民共有の財産」と明記し、インプット・コントロールの内容からアウトプット・コントロールの内容に改正しなければならなかったのに、これを実行しなかった。したがって、日本の漁業の基本法である漁業法は「国連海洋法条約」の目的、精神と内容を反映しないまま残されていた。

今回の2018年の漁業法の一部改正でも、条約の主旨「海洋生物資源は国民共有の財産」との明記はしなかった。漁業の効果的管理手法のITQ（個別譲渡性漁獲割当）には全く言及がない。そして科学管理と無関係の「漁業調整機能」、「漁業権制度」と「自主規制」を温存した。

4. 日本の漁業・水産業の改革の取り組みの歴史と将来

(1)「水産業改革委員会」と「内閣府規制改革会議」での取り組み

本書の監修者である標記委員会の高木勇樹委員長（元農林水産事務次官）と筆者（小松）らは、2006年から水産業の改革に着手した。まず、2006年4月に、筆者は経済産業省の経済産業研究所でのセミナーにおいて「水産業の抜本的な改革の重要性」を指摘した。これは、日本の200カイリ内の沖合漁業、沿岸漁業と養殖業の衰退が著しかったためである。

2006年10月には、日本経済調査協議会「水産業改革委員会」が高木勇樹氏を委員長として発足し、2007年2月に緊急提言を、2007年7月には最終提言をまとめた。この提言が我が国初の漁業・水産業改革に関する提言であり、監修者と筆者は漁業の実態と水産行政の内情を知る立場にあったので、提言内容は具体性と実行可能性があったことが特徴である。このために、提言内容が、これまで誰も触れなかった漁業権などに初めて触れ、全国漁業協同組合連合会（全漁連）や漁業者団体並びに一部の漁業者からの反発は大きかった。そして彼らは、委員会を新自由主義者とレッテルを張り、議論を拒否する戦術をとった。現状維持を最大の目的として、漁業の将来像は語らなかった。一方で、原料の入手難に悩む加工業者や流通業者からの賛成と、学者からの賛意は大きかった。

これらを受けて、2007年以降は、日本経済調査協議会、内閣府規制改革会議並びに日本水産学会関係者の主催する水産業改革に関する検討会が開催され、日本の水産業界は漁業・水産業改革議論で大変に白熱した。大日本水産会や全漁連などは水産庁と共に、一切議論に応じない姿勢を貫いた。一部の者が代弁者として発言をしたが、全漁連と水産庁は公的に前面で発言することがなかった。

2010年7月からはこのような改革に対する動きを受けて、新潟県がIQの取り組みを開始した。当時の新潟県の泉田裕彦知事は熱心なITQ制度の理解者であった。知事は疲弊する新潟県の漁業の立て直しは、ノルウェーのITQ（実際はIVQでITQの変形であるが）の導入が必要であるとの見解を有され、新潟県においてホッコク赤エビを対象として、日本初の個別漁獲割当制度（IQ）の検討を開始し、2011年に「新潟県新資源制度導入検討委員会」が発足した。2011年9月からはIQ制度の導入も開始し、さらにはその後継の委員会も2度継続した。漁業者は2隻の漁船を1隻に減船して、経費の節減を図った。無駄な競争がなくなり、マーケット価格に対応して魚価と収益が大きく改善した。

このような動きを受けて、ようやく水産庁と自民党が動き出した。2014年3月に水産資源管理に関する「有識者からなる検討会」が設置され、IQの実施について提言した。しかし、この検討会も、数名の専門家と漁業関係者を招いて数回会合したきりで結論を出した。ノルウェーや米国は、ITQを導入した後もITQに関して、モニター、レビューし、再検討・修正を施しITQを改善している。

また、業界の自主的取り組みの北部巻網漁業のサバ類のIQについて、2014年10月から実施している。加えて、漁業省令に基づくベニズワイガニのIQもある。しかし、法制度に基づいた本格的な制度設計による実施例はない。

2017年には第4次水産基本計画が策定され、IQについての言及もあったが、その後、新たにIQを採択した漁業はなかった。

2020年に入り、ようやく北部太平洋大中型まき網漁業でのIQの公的導入話し合いがはじまった。

(2) 2018年12月漁業法の一部改正

2018年12月の漁業法の一部改正は、IQの導入と漁業権の優先順位の廃止が主たる内容であった。これは2007年の日経調「水産業改革：魚食を守る水産業の改革」の提言を基にしたものであると理解される。

2017年9月からは日経調「第2次水産業改革員会」が開催された。「新たな漁業・水産業に関する制度・システムの具体像を示せ。～漁業・水産業の成長と活力を取り戻すために～」との趣意書が発表され、徹底した現状分析と検証を行い、提言をまとめることが示された。2019年5月に提言をまとめ、6月に日本政府等に対して提言を提出した。また、2018年の改正のうち、第1条（目的）目的の変更、科学的資源管理評価の改善（最低水準の資源量の維持からMSYを達成する漁獲量の算出への変更）、TAC魚種の拡大や漁獲データの収集及びIQの条件付き譲渡（条件付きITQ）は、第2次水産業改革委員会の提言を受けたものとみられる。

(3) 本書の目的

漁業・水産業は日本人にとって大切な産業である。日本人にとって大切なたんぱく源を供給する。また、日本人にとって心のよりどころであり、精神的な安定感を支え、魚食の文化的豊かさと魚食文化の多様性を提供しているのが日本の漁業と水産業である。そして、漁業と水産業はとても小さくなった産業（1.46兆円：2019年）であるが、流通・

加工業とスーパーマーケット・小売店での販売と、レストラン・居酒屋・寿司店での売り上げと雇用を含めれば28兆円の規模に達する膨大な産業である。そのほかにも、海洋と生物資源は美しい景観と日本の国土の原風景と日本人の源を提供する。また、海と魚は海水浴や釣りなどのレジャーの場も提供する。600〜900万人の釣り人がいるが、この人たちも海洋生物資源の豊かさを享受している。

漁業の改革と将来は、このようにあらゆる日本人にとって大切なのである。しかし、漁業者も国民も活発ではない。しかし、正しい情報が提供されればこれは改善される。今も漁業・水産業の衰退は継続している。かかる状況に対して、漁業と水産業の明日への理解を促進することを目的に編集・執筆されたのが本書である。誰もが手に取ってわかる、漁業・水産業の将来への実践的な理解書として役割を果たすことを目的とした。読者の座右において執務参考書として、ご活用いただきたい。

参　　考

科学・漁業管理の用語の解説

ここでは、ABC、TAC、TAE、オリンピック方式、IQ、ITQと米国キャッチ・シェアなど、本書を読み進めるうえで、有用であると思われる用語について解説を加えたい。

資源管理の方策として、漁船の数や大きさ（トン数)、出漁回数に関する規制である「インプット・コントロール」と、漁獲総量そのものを規制する「アウトプット・コントロール」を解説する。

(1) インプット・コントロール

インプット・コントロールとは、漁船の数や大きさや、漁網やエンジンの馬力の規制のことをいう。しかし、このような規制は漁業者が必ず官憲の目をくぐり抜けて規制を破る。そして、目指すべき政策目標（アウトプットやアウトカム）がつながらないことがしばしば見られる。日本漁業における典型的な問題点は、漁業者同志の話し合いの結果を、資源管理の代用として採択してきたことである。それを「自主規制」と呼び、漁業者が休漁を決めれば、その休漁に対して、科学的根拠を提出することを求めず、また評価と効果を検証することもしていなかった。結果的に漁獲能力が増大していることを放任して、漁業資源を獲りすぎて悪化させた。世界的にみても、インプット・コントロールは単独で規制として使用されると効力が薄いとされてきた。

(2) アウトプット・コントロール

アウトプット・コントロールは、文字通り、政策目標である漁獲量や資源量を定めて、それを守らせる政策である。具体的には、1995年の国連公海漁業条約において「科学的根拠に基づく資源管理」が定められ、その導入が進んだ。また、1996年の国連海洋法条約の発効後は、多くの国々においてEEZ（自国排他的経済水域）内での総漁獲可能量（TAC）を導入する規制が進んだ。

水産資源の管理を巡っては、長年の自由な参入と漁獲からインプット・コントロールを導入し、それが効果がないと判明し、その後アウトプット・コントロールを選択する国・地域が一般的である。

また、アウトプット・コントロールにおいては、科学的な根拠が重要である。これは国民の共通言語である科学的根拠をベースにして資源の管理を含む海洋水産資源の管理政策が取られることが必要である。漁業者間の合意では、その言語が漁業者の間では理解されるが、一般の人には､漁場や漁具と操業時期などの説明は理解が困難である。科学的根拠は、その点、誰でもが理解可能な数字が基本であり、理解がしやすい。

以下、各節において、世界および日本における漁業資源管理に関する諸制度や用語を概観したい。

(3) ABC（生物学的許容漁獲量：Allowable Biological Catch）

生物学的許容漁獲量（ABC：AllowableBiologicalCatch）とは、漁業資源量が枯渇しないよう、資源の持続的維持、さらには悪化した資源が回復する水準に漁獲量を規制するための、科学的評価に基づいた資源評価による漁獲量上限である。ABCは、純粋に生物資源の持続性を目的に、その観点から決定されるもので、漁業の経済性や漁業者の経営の観点はまったく入っていない。

例えば、米国では、約500種系統群について、国家レベル・海域レベルで、科学的根拠に基づくABCを定めている。その上で、ABCを下回るレベルの総漁獲可能量（TAC：TotalAllowableCatch）を設定している。しかし米国では、ABCにも非確実性があるとの理由で、ABCの下限値に合わせたAHL（AnnualHarvestLevel）を設定し、

TAC はそれ以下に設定される。この方法では、漁獲量が資源を危険な状態に陥ることを極力回避できる。

(4) TAC(総漁獲高可能量：Total Allowable Catch)制度

TAC とは「総漁獲可能量」のことである。国連海洋法条約と国連公海漁業協定(国連海洋法条約実施協定)では、科学的根拠に基づくレファレンス・ポイント(漁獲の目標値)の設定を推奨しており、この条約と協定に基づいて世界の主要水産国で導入されている。

TAC は、科学者が科学的根拠に基づいて設定した ABC を踏まえたうえで、社会・経済学的要因に配慮して行政が設定する。国連公海漁業協定で規定されている予防的アプローチの原則に基づけば、TAC は ABC 以下でなければならない。

日本でも、TAC は 1998 年から導入された。同法では、TAC は科学的根拠を基礎に定めるとされているが、水産庁は、長年、科学的な根拠である ABC を超えた TAC を設定してきた。マサバやマイワシで ABC の 3〜10 倍の TAC が長年にわたり設定されたこともあった。これでは資源の保護は到底おぼつかない。この結果、マサバもマイワシも 1992 年以降急速に資源が悪化し、減少した。この背景としては、資源保全よりも短期的な事業者の経営、操業の維持を目的にしたためである。その結果、多くの巻網漁業者が倒産や廃業をした。しかし、最近では逆に、ABC を相当程度下回った TAC を設定しても(サンマやマサバの場合)それを漁獲できないで、漁獲が大幅に TAC を下回る。これはそもそも資源を過大に評価し ABC や TAC の設定に誤りがあろう。また、日本では系統群別の TAC 設定を行っていない。米国が約 500 種系統群、その他の国々でも数十種以上の ABC を定め、これに基づき TAC を定めているが、日本では、わずか 8 種だけが TAC 制度の対象である。加えて TAC 超過の罰則規定があるのは 2 種だけである。罰則規定の適用がない魚種のマアジ、サバ類、マイワシ、スケトウダラ、サンマ、ズワイガニとスルメイカについては、TACを超過しても違反で罰せられることがない。これでは漁業者も真剣に漁業資源の順守に力を入れない。

(5) TAE（総漁獲努力量、総漁獲努力可能量：Total Allowable Effort）制度

TAEは、操業日隻数や採捕の日数による規制であり、すなわち、漁獲努力量に上限（TAE）を設定し、その範囲内に収めるよう漁業の操業を管理するものである。この規制は、インプット・コントロールの一種であり、単独では効果が薄いという見解が世界では一般的である。しかし、降雨量などの季節変動の要因の影響を受けやすいとされる豪州北部準州（NorthernTerritory）カンタベリー湾のエビ漁業は、漁獲の動向を監視しながらTAEを設定し、漁獲管理を成功させている例もある。これは科学的根拠に基づき、また個別の枠に配分され、また、譲渡が可能である。

(6) MSY（最大持続的生産量）とは何か

MSY（最大持続生産量）は魚類や鯨類などの海洋生物資源を、その生産量を最大にして漁獲することを言い、その漁獲水準を与える資源量のことを言う。

・鯨類におけるMSYの問題点とRMPの限界

このMSYの考えは、最初は鯨類資源で考え出されたものである。鯨類は、その資源の管理が、ノルウェーや英国の鯨油生産のため乱獲の危機に陥った。それは、鯨類の管理が鯨油生産量の管理から始まったからで、第二次世界大戦前の科学的レベルでは、鯨類の生物学的な特徴はわからなかったためでもある。また、捕鯨の先進国の注目は鯨油価格の暴落防止のためのカルテル行為であった。しかし、この考えでは資源の持続的維持が困難であり、国際捕鯨委員会（IWC）はMSYの概念を入れた新管理方式（NMP）を導入することとした。但

IWCの資源分類および新管理方式と改訂管理方式

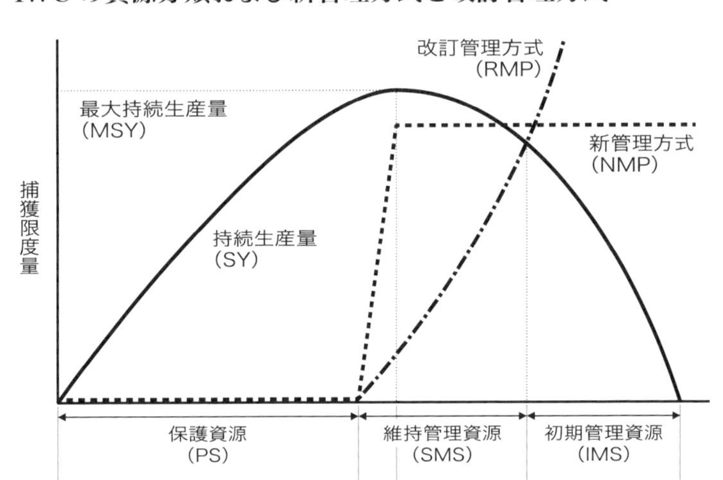

しこのやり方では捕獲枠は決まるものの不確実性があった。それは、資源の増殖率と資源の減耗率（死亡率）が正確にわかる必要があったためである。そこでIWCは、それらの生物学的特性値がわからなくても、捕獲枠が決まる方式を定めた。これを改訂管理方式（RMP）と呼んで、過去の捕獲頭数と現在の資源量のみを必要なデータとした。しかしながら、RMPでは実データを使わないため、不確実性を考慮すると、安全性を見越して捕獲枠が極端に小さくなる。例えば、南極海のミンククジラは通常の算出では50,000頭の捕獲枠に対して、2,000頭の捕獲枠しか算定できなかった。25分の1であり、残りの25分の24はクジラの保護に向けられた。

・魚類におけるMSY

魚類のような海洋生物資源は、基本的に増殖行為により再生産し、資源に加入する。また、その間に加齢と他の動物と魚類によって自然に減耗するが、これを自然死亡という。人間が漁獲しなければ、加入と自然死亡の差が増殖分となる。この元の資源に対する割合を増殖率という。よって漁獲による死亡率・死亡係数(漁獲死亡率:漁獲死亡係数)を考慮することが必要となる。

この死亡係数を漁獲努力量とする。漁獲努力量とは、資源を漁獲するために投入される労力で、1隻の漁船が1日で漁獲する場合は努力量が1である。1隻の漁船で2日漁獲する場合は2である。2隻の漁船で3日漁獲する場合は6である。勿論、これに漁船の大きさ、漁網の投入・曳網時間などが考慮される。

海洋生物資源は有限で、増殖率を超えて自然死亡と漁獲死亡が上回

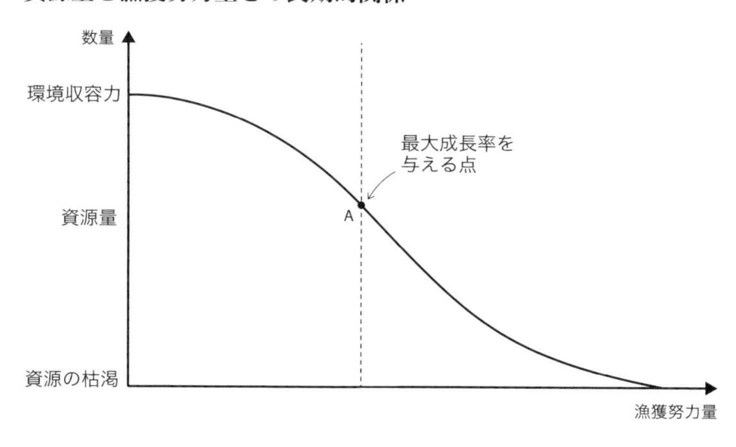

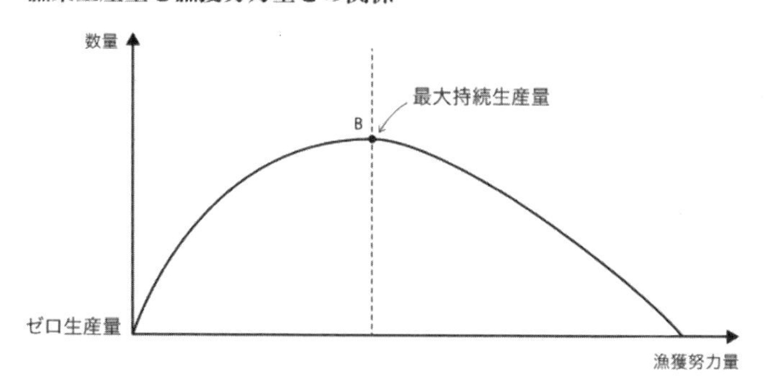

れば、資源が減少して資源の増殖率も低下する。そうすると、あるレベルまでは漁獲努力を投入しても漁獲は増大するが、ある地点を超えると、いくら漁獲努力量を投入しても、漁獲量は増加が緩やかに減少するし、さらに、増加率を上回れば、漁獲量も減少する。したがって、漁獲努力量を投入するレベルで、最大の漁獲量を与える漁獲努力量の点が見つかる。その点で固定して漁獲を継続すると、漁獲量は最大レベルで固定化される。これを MSY・最大持続生産量という。

(7) MEY（最大経済生産額）

MEY とは、最大の経済生産金額を言う。すなわち、漁獲努力量の投入にはコストを必要とする。このコストは、漁獲努力量の投入に比例して増大する。しかし、ある点を超えると、海洋生物資源の増加率より努力量の増加率が上回ることになる。したがって MSY は、生産量としては最大であっても、その時のコストが大きいので、生産量とコストの差はその手前にあることがわかる。その点が MEY（生産量：生産金額とコストの差である経済生産額となる）を与える地点である。これに加えて、漁獲量が増大すれば、魚価も需給のバランスから低下

漁業の長期的収入とコストのカーブ

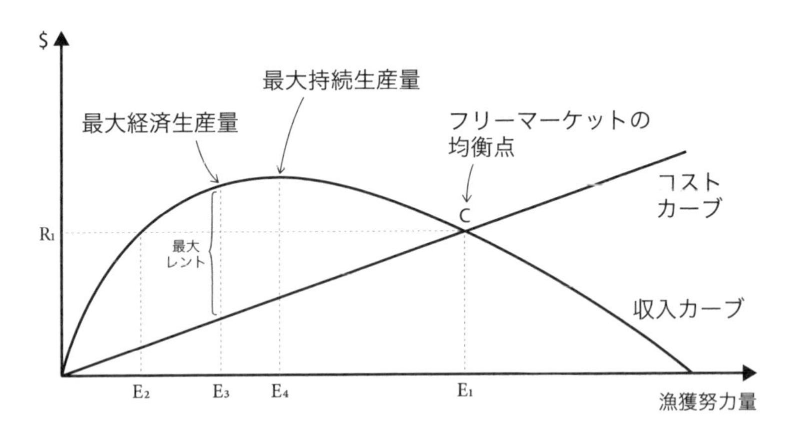

するので、この点も考慮すると、MSY に到達する以前に漁獲努力量を削減し、抑制したほうが経済的であり、結果的には資源の保護と維持のうえでも好ましいことがわかる。

(8) オリンピック方式または Race for Fish

オリンピック方式とは、TAC が設定されていない場合のインプット・コントロールにおいて、または、TAC が設定されていても、漁業者や漁船毎の割当が無い場合、漁業者が始める「早いもの勝ち」競争のことを言う。諸外国では Race for Fish（漁獲競争）と呼ばれる。

つまり、規制が中途半端な場合、その海域や魚種に関する全体の TAC に達する前に、他の漁業者よりも早く、多くの魚を獲ってしまおう、自分さえたくさん獲れればよいという考えから、漁船の大型化、複数化、エンジン強化によるスピード化等により乱獲が起きてしまいがちということだ。

これは、資源の持続性にも悪い作用をもたらす。他の漁業者に勝るために大型漁船の建造や複数漁船など過剰投資による維持・管理費や、漁場に早く到達するためや、漁獲物を早く漁港に水揚げするために高速で航行・運行することで、燃料費の増加などのコストが不必要に増大する。さらには、同時期に大量の魚が出回るため、価格も下がり、漁業者の収入も悪くなり、事業者にとっては厳しい競争の温床ともなる。

日本では、オリンピック制のもとでも、一斉休業などのさまざまな漁業者の自主規制があるが、周年にわたっての規制は皆無であり、休漁終了後、すなわち自主規制後には競って漁獲する。

(9) IQ（個別漁獲割当：Individual Quota）方式

IQ 方式は、TAC を、その範囲内において、個々の漁業者ないしグループに漁獲実績などをもとに個別漁業者毎に漁獲量を割り当てる制度のことであり、個別に割り当てた個別漁獲量を IQ と呼ぶ。

参　考

IQ 方式のメリットとしては次の３点がある。

①年間の割当量が決まっている（各人に割り当てられたIQを獲ってしまえばその年の漁は終わり）ので、TAC に基づいてIQが設定できれば､一人ひとりの漁業者毎に漁獲量を確認することが可能となり、IQ の合計が TAC を超過することは極めてまれになる。TAC のみで管理すると、誰もが大量に先取りしようと競争して、TAC 超過の可能性が大きくなる。したがって、資源の管理の徹底で、資源の回復と持続的維持が期待できる。（資源保全への効果）

②他人の漁獲行動に左右されないため、年間の操業計画が立てられ、漁期中はマイペースで漁獲できる。ゆえに各漁業者が漁獲競争に費やす労力が減り、漁船や資材用の投資とコストが漁獲枠水準に合わせられ、投資とコストの無駄を削減できるので、総経費削減が図られる。（漁業者の投資およびコストへの効果）

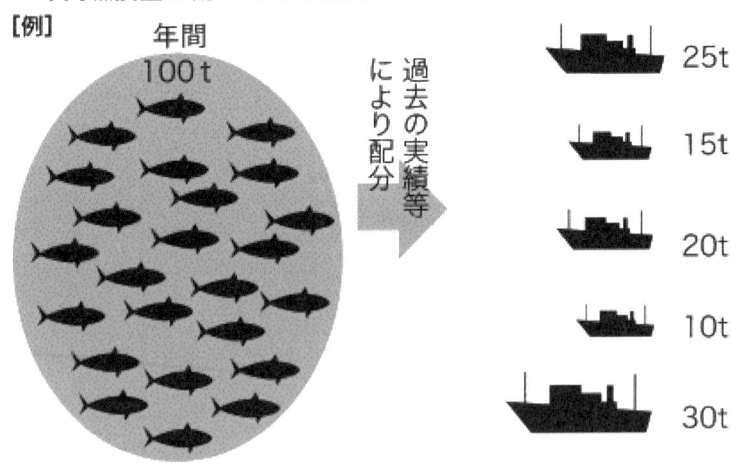

図７　IQ 制度

③各漁業者は、マーケット・市場の価格動向をにらんで、魚価が高い時に、選択的に漁獲のシーズンや漁獲する魚種の大きさや品質（脂の乗り）を見て漁獲することで、収入増につなげられる。（漁業者の売上への効果）

魚価（③で挙げたメリット）については、消費者から見れば、価格の上昇なのでデメリットのように見えるが、魚の出荷が一時期に集中せず、幅広く安定的に供給されることは消費者の選択の多様性にも応える。また、消費者が高価格でまとまった量を購入することは嗜好を示しているとのメリットとも考えられよう。

その一方、IQ方式にもデメリットはある。それは各漁業者の経営戦略に合わせた経営規模の拡大などの融通を利かせるのが難しいことだ。自分の割当枠がなくなれば操業はストップせざるを得ず、また、漁獲能力のない漁業者は割当枠を取り残してしまう。これは新潟県のホッコクアカエビのIQでも現実に起こっている問題である。90トンの漁獲枠をIQ配分したが、漁業者によってはIQ枠が不足し、別の漁業者はこれを使い残している。この問題を解決するには5年毎に、漁獲実績に応じて再配分するか、ITQにするかである。したがって、TACが効果的に利用されない場合や、各漁業者及び全体としての投下資本が有効に活用されないという非効率が発生する。

また、IQ制度の運用においては、各漁船の漁獲量のモニタリングおよび違反の取り締りが必須であることも忘れてはならない。

(10) ITQ（譲渡可能個別割当：Individual Transferable Quota）方式

IQ方式のデメリットを克服すべく登場してきたのがITQ方式である。ITQ方式のもとでは、個別のIQを売買などで委譲・譲渡できるようになった。漁業者の漁獲する権利を流動化することで、各漁業者の経営の自由度が高まるのが大きな変化だ。（漁業者が漁獲する海洋水産資源の所有権を有するのではない。漁業者には漁獲の権利を与える。なぜなら、海洋水産資源は国民共有の財産であるため、漁業者は国民の所有物を漁獲する権利を与えられているだけである。)

資源保全の観点からは、TAC、それに基づくIQ配分を行えば乱獲競争や過剰投資を招くことはない。そのうえでIQを他の漁業者に移譲・譲渡する。ただし、IQ制度と同じく、モニタリングと取り締りはきわめて重要である。

ITQ方式は、それぞれのIQを漁業者同士で売買や貸借できる方法なので、経営を拡大したい漁業者は、他の漁業者やIQの保有者から漁獲枠の融通や譲渡を受ければよい。また、漁業から撤退したい人は、拡大したい人や残存者に漁獲枠を販売することによって、その資金を元手に廃業をすることも可能になる。

ところで、ITQは基本的に漁業者間の売買・移譲であるが、ニュージーランドやカナダないしは米国では、ITQの導入からの時間の経過とともに、銀行や投資家の手にわたっている。また、米国では漁業者がITQを所有しても、その漁業者が別の漁業者に貸し与え、自らは、

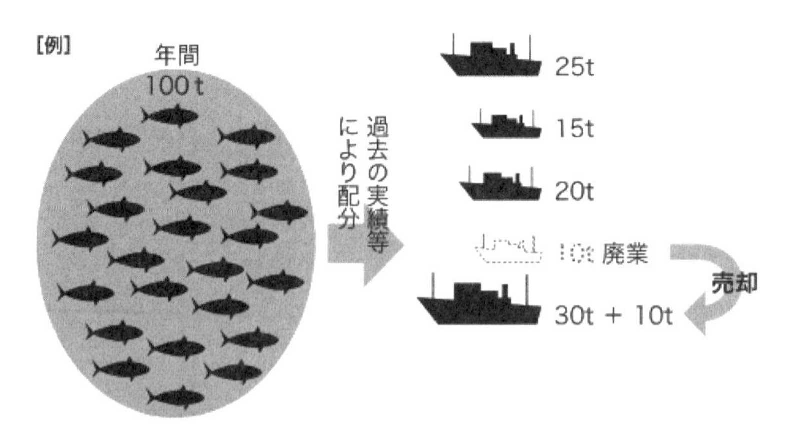

図8　ITQ制度

単にIQの保有者になってリース料を得て、漁に出ないで不労所得を得る例が見られる。また、貸し付ける場合のリース料が高額であることが問題として顕在化している。

さて、漁獲枠には毎年の貸与・譲渡を受ける方法（上述のリース）の年間漁獲譲渡と、漁獲枠の期間全部に渡って譲渡や売買を受ける永久漁獲譲渡の方法とがある。後者では集積と経営統合を促進し、投資規模の適正化と管理コストの削減などが進み収益が向上する。しかし、漁業資本の集中が起こり、小規模な漁業者が減少し、また漁村地域から漁業者が減少し過疎化する。

先駆的にITQ方式を導入したニュージーランドやアイスランドに続き、現在では、オーストラリア、カナダ、チリ、グリーンランド、オランダ、アイスランド、ロシア、モロッコでは、ほぼ完全に近い形での制度が運用されている。また、ノルウェーでは、ほぼ同じ趣旨ではあるが、地域社会への配慮を施した漁船割当制度（IVQ）、アメリカでは、小規模漁業や地域毎にそれぞれの事情を取り入れられる制度としたキャッチ・シェアを導入した。このキャッチ・シェアは個別の漁業者ではなく、漁業者の集団や地域として取り組む場合や、微小な漁獲枠を共有する際に便利な方法である。そして、デンマーク、メキシコ、ナミビア、南アフリカ、モザンビークも、それぞれの環境や事情を加味した制度を定め、運用が進められている。

漁業者の経営の自由度を高めるITQは寡占化を促進させてしまうとの指摘は事実である。漁業資源の回復と安定、漁業経営の収益の安定が図られており、そうなればITQ価格が向上する。そうすると、小規模漁業者は当面の資金欲しさにITQを手放し、資本家はこれを買い占める。そこに寡占化が起こる。すべての資本主義のビジネスに共通した現象である。これをどのように政策的·制度的に抑制するか、修正した制度を作り上げていくかは今後の重要な課題である。

寡占に伴う不当な価格上昇は消費者にも影響を与えるわけで、資源保全は当然としても、既得権を持った大規模な漁業者の利益ばかりを見ていてはならないのが政策である。先進事例を見れば、一社、一人の漁業者の漁獲枠の保有できる漁獲枠の総量に上限が設定されることで、寡占度を上げない工夫を見ることができる。また、地域に対するグループ枠の創設や、ITQを数年後には政府に返上するとの制度にすることも検討されている。

(11) ノルウェーのIVQ（個別漁船割当制度：Individual Vessel Quota）

これを避けるために、ノルウェーでは、漁獲枠は漁船と一体でなければ保持できない制度を導入した。また、漁獲枠を売買し、譲渡する場合も漁船と一体でなければならない。そして大型漁船漁獲枠を譲渡する時は、譲渡された漁船は廃船しなければならない。さらに、漁船の大きさ毎に漁獲枠を売買と譲渡できる相手が限定される。これを個別漁船割当（Individual Vessel Quota：IVQ）と呼んでいる。これはITQではないとノルウェー政府は強調する。

IVQは、まず大型漁船と従来漁船とで約30%と約70%の漁獲枠の配分をする。従来型の漁船は、さらに閉鎖グループと開放グループ並びに

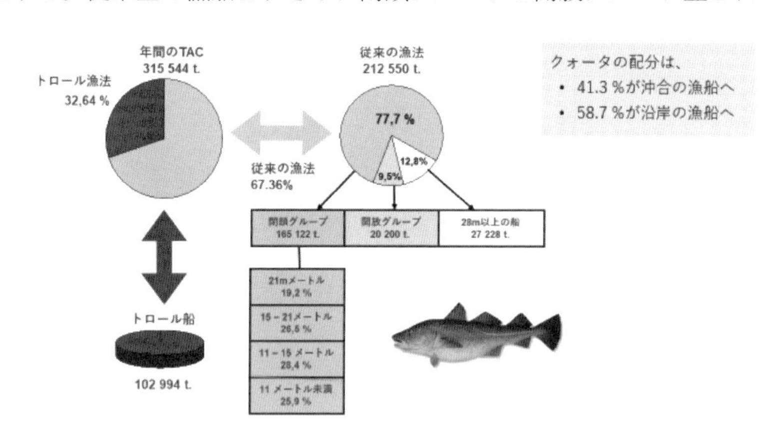

図9　北東部北極海マダラの規制例（2020年／TAC総量：334,277トン）
除外：レクリエーション漁業のため7,000トン、沿岸漁業員会のため3,000トン、研究と教育のため733トン、Living Catchのための割当ボーナス2,500トン、加入増加スキームのため5,000トン

28メートル以上のはえ縄漁船の3つのグループに分割される(図8参照)。

IVQでは、最も小規模な漁業者である11～15メートル級の漁業者間でのIVQの漁獲枠の移譲は禁止されている。これは小規模な漁業者が存在する漁村社会を維持しようとの目的からである。漁業者は漁獲枠を移譲したいと強く希望しているが、地域社会がそれに反対している。そのため、2016年からノルウェー政府はIVQの制度のレビューを開始したが、この最も小規模な漁業者間での漁獲枠の移譲問題が焦点の一つとなっている。但しこうした漁業者が属する階層（グループ）の大きめの漁船に限り漁獲枠の移譲を認めることで、解決が図られる見通しである。

(12) 米国のキャッチ・シェア（Catch Share）

米国でのIFQ（諸外国でのITQのこと）の導入は、1990年の中部大西洋でのハマグリ類が初めてであり、その後、1995年のアラスカ州のオヒョウとギンダラと、1999年のベーリング海のスケトウダラの協同操業方式などに拡大したが、ポルトガル、スペインやイタリアの入植以来400年の歴史を誇るニューイングランドの漁業者がIFQの導入に反対し、政府のIFQ導入の姿勢が強固であると批判し、訴訟まで起こした。そのため1996年から2002まで連邦議会はIFQの導入を一時停止した。しかし、IFQを支持するアラスカ州とシアトルの漁業者は、この間も米国漁業振興法（American Fisheries Act）を成立させ、ベーリング海でのIFQの導入を推進させた。2006年の漁業法の再承認では、過剰漁獲能力の削減、IFQを含むLAPP：Limited Access Privilege Program（限定的アクセス特権計画）が実施されることが決定された。しかしIFQの反対が強かったニューイングランド地方では、IFQを導入するためにはレファレンダムで3分の2以上、また、同様に反対色が強かったメキシコ湾地方でも2分の1以上の賛成が必要であると2006年米国再承認漁業法で定められた。このため

参　考

米国政府 NOAA（国家海洋大気庁）は、IFQ は個別の漁業者への漁獲枠の配分であるが、IFQ への反対の理由が大規模漁業者の寡占化が進行するとの懸念であったので、小規模な漁業者グループでも漁獲枠が保持できる制度とした。20 名程度のマダラなどを漁獲する漁業者などのセクターに対して、これらセクターのグループへも漁獲枠を配分し、そのグループ内の漁業者間の配分はグループの漁業者に任せるものである。これは 2010 年 5 月のニューイングランド沖のジョージス碓のマダラ漁業から導入された。これらのグループ内での IFQ の共有をキャッチ・シェアと呼び、これは漁業法の再承認で言う IFQ にあたらず、IFQ の開始に必要なレファレンダムも必要がないとの解釈を NOAA が発表した。

その後キャッチ・シェアは、ベーリング海のスケトウダラ漁業の協同操業方式にも適用され、現在では、一般的に米国の漁獲割当制度の個別の漁獲配分であろうと、グループに対する配分であろうと、漁獲割当制度の全般に対して言及される。

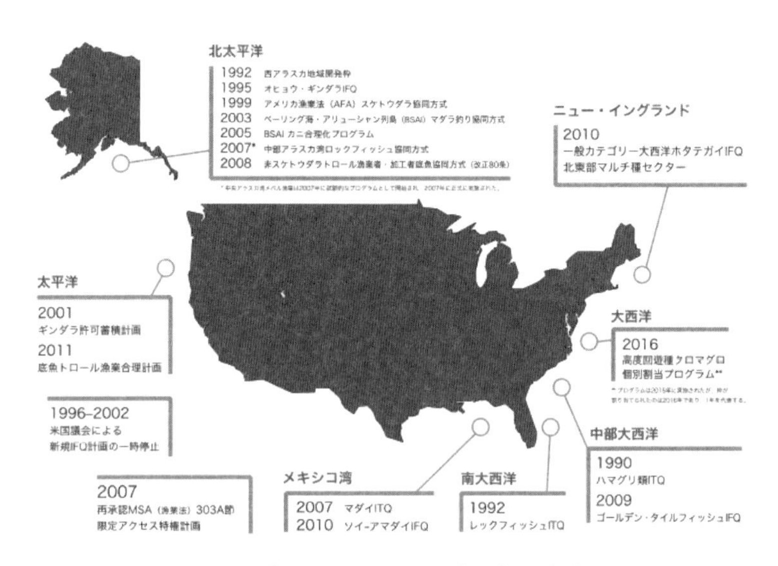

図 10　米国キャッチシェアプログラム年表

第2章
日経調第２次水産業改革委員会の最終報告と提言

第1節　趣意書　中間提言（2017年9月）

日本経済調査協議会では「食料は命の源泉である」との基本認識のもと、2007年2月の「緊急提言」【1】に続き7月に「魚食をまもる水産業の戦略的な抜本改革を急げ」【2】、2011年6月には「東日本大震災を新たな水産業の創造と新生に」【3】との提言を行ってきた。

この結果、新潟県でのIQの実施（※1）、宮城県での漁業権特区の設定（※2）、2014年4月から北部太平洋まき網の大臣許可漁業におけるIQの試行（※3）など限定的ながら提言に沿った取組みが行われている。

しかし、現状は10年前に指摘した漁業生産、水産物の流通、加工、消費などあらゆる面の指標からみて悪循環（負のスパイラル）に陥っている状況の改善のきざしすら見えないというのが実態である。このことは漁業・水産業の成長と活力を取り戻そうとの真の「浜の声」、国民の声にも応えられていないということでもある。また、この悪循環に対する問題意識が関係者間で共有されておらず、国連海洋法そして国際社会の環境や持続的開発におけるイニシアチブに日本が積極的な対応をするにいたっていない。

正に、漁業・水産業に関する制度・システムが、現在はもちろん将来にわたり持続的かつ実効的であるかが問われていると言ってよい。

そこで、これまでの提言の実現状況も踏まえ、徹底した現状分析と検証を行うことにより新たな漁業・水産業に関する制度・システムの具体像を提示する。

【1】「魚食をまもる水産業の戦略的な抜本改革を急げ」（緊急提言）2007年2月2日

提言1：海洋環境の保護と水産資源の有効利用のため、水産資源を無主物としての扱いではなく、日本国民共有の財産と明確に位置づけよ。

提言2：水産業の抜本的な構造改革を水産業への参入のオープン化と包括的かつ中長期的な戦略政策を明示し推進せよ。

(1) 水産業への参入のオープン化を促進するため、次の方策を後押しするような水産業関連法制度の抜本的見直しが必要。

①養殖業や定置網漁業への参入障壁を基本的に撤廃する。

②水産業協同組合員の資格要件とされる従業員数や漁船規模などを見直し、沿岸漁業や養殖業などへの投資や技術移転を容易にし、漁村地域の活性化を図る。

(2) 持続可能な水産資源への回復、漁獲努力量の調整、漁船の近代化と新船建造、雇用対策などを総合的に包括した中長期的な戦略政策を立て、目標、水準、期限、予算（基金）規模を明確に国民に示す。具体的には次の方策の導入を提唱。

①海域、資源（魚種）ごとの漁獲量の設定、漁獲努力量の削減・再配置（減船、休漁、漁船の近代化など）のビジョンの構築。

②科学データを根拠とした資源管理と厳格な取締り・罰則の徹底。

③譲渡可能個別漁獲割当（ITQ）制度、地域漁獲割当制度の導入。

提言3：水産業の戦略的な抜本改革のため水産予算の弾力的な組替えを断行せよ。

漁港建設などに偏重した公共事業予算を、構造改革に目途がつくまでの間、改革予算に徹底シフト。

【2】「魚食をまもる水産業の戦略的な抜本改革を急げ」 2007年7月31日

提言１：科学的根拠の尊重による環境と資源の保護および持続的利用を徹底し、かつ国家戦略の中心に位置づけ、これに基づく水産の内政・外交を展開せよ。

(1) 海洋環境の保護と水産資源の有効利用のため、水産資源を無主物（誰のものでもない）としての扱いではなく、日本国民共有の財産と明確に位置づけよ。

(2) 科学的根拠の尊重による資源の持続的利用の原則を徹底し、この原則を、わが国の水産行政の最も重要な柱とせよ。

提言２：水産業の再生・自立のための構造改革をスピード感をもって直ちに実行せよ。

(1) 漁業協同組合員の資格要件とされる従業員数や漁船規模などを見直し、漁業協同組合などへの投資や技術移転を容易にし、地域社会の活性化を図れ。

(2) 漁業のみならず、養殖業や定置網漁業への参入障壁を基本的に撤廃し、参入をオープン化せよ。意欲と能力のある個人または法人が、透明性のあるルールのもとで、漁業協同組合と同等の条件で漁業・養殖業及び定置網漁業を営めるようにせよ。

(3) 休漁と減船による漁獲努力量の削減、漁船の近代化と継続的な新船建造、雇用対策の支援などを総合的に包括した中長期的な戦略政策を樹立せよ。

提言３：水産業の構造改革のため、水産予算の大胆かつ弾力的な組替えを断行せよ。

(1) 予算執行上の優先順位が低い漁港整備などの公共事業予算から漁業への新規参入の推進と漁船漁業の構造改革予算に大胆かつ弾力的に振り向けよ。

⑵　これまでバラバラで整備されてきた魚礁、漁場、漁港岸壁、荷さばき場の上屋などの海域と陸域の一体的整備を断行せよ。公共、非公共、事業主体としての都道府県と市町村などの垣根をとれ。

⑶　環境、資源、水産政策に関する情報を積極的に国民に提供し、国民の理解と認識を高めるとともに、調理技術や水産物の持続性と品質に関する知識の普及により、魚食についての食育を促進させるための予算を重点的に確保せよ。

提言４：生産から最終消費までの一貫した協働的・相互補完的な流通構造（トータルサプライチェーン）を構築せよ。

⑴　水産物のトータルサプライチェーンを透明性・信頼性あるものとして構築するため、客観的・科学的な指標に基づく、関係者の共通ルールとしての「水産物基礎情報」を導入し、これに依拠した情報の共有・公開を推進せよ。

【３】「東日本大震災を新たな水産業の創造と新生に」（緊急提言）2011年６月３日

提言１：新しい水産業の創造・新生に向けた緊急対策

漁港別水揚量・加工数量、漁船数、施設復興規模、継続事業者数、海洋漁場環境や必要用地などを早急に調査し、現実的な全体像を捉えるとともに、関連予算を弾力的かつ一体的に運用する。

提言２：新しい水産業の創造・新生のための根本・抜本対策

①水産都市と漁業地域（漁村・漁港集落）の建設を、産業拠点の一体整備、職住地区の分離、高台へのコミュニティー移転、防災から避難への理念転換など新しい発想で行う。

②資源状態が悪いマサバ、マイワシ、カツオなどの資源回復を図るためTAC（総漁獲可能量）を低位に設定するとともに、

不必要な競争を排除し、価格の安定と経費節減を図るためIQ（個別漁獲割当）/ITQ（譲渡性IQ）制度を導入する。また、地域産業の回復のために必要な場合に、中核となる水産都市の港ごとに加工振興枠を設定する。

③新規参入と後継者確保を促進し、沿岸漁業の活性化と収入の安定化を図るため、漁業権を広く開放する。また、漁業協同組合の門戸を広く地域全体の水産業関連産業に開放し、経営や意思決定などのプロセスを透明にする。

提言３：放射能汚染の正確かつ速やかな情報開示と調査研究体制の確立

海や水産物の放射性物質による汚染防止のため、正確かつ速やかな情報開示を行うとともに、水産研究機関独自のデータ収集・モニター調査を実施する。

併せて、原子力産業から独立した研究・検査体制を早急に確立し、放射性物質の水産生物への内部被曝や生物濃縮の機構解明を急ぐ。

この提言については、一般社団法人日本経済調査協議会 HP に掲載されている。
http：//www.nikkeicho.or.jp/result/

（※1）新潟県は、新資源管理制度（個別漁獲割当：IQ）について平成22年度からホッコクアカエビを漁獲するえびかご漁業を対象にしたモデル事業を行った。
http：//www.pref.niigata.lg.jp/suisan/1351113166565.html

（※2）宮城県石巻市桃浦地区が平成25年4月23日に日本初の水産業復興特区に認定され、同年9月に「桃浦かき生産者合同会社」は漁業権を付与された。
http：//www.reconstruction.go.jp/topics/232523.html
http：//www.momonoura-kakillc.co.jp/index.html

（※3）水産庁は「資源管理のあり方検討会取りまとめ（平成26年7月）」を受け，北部太平洋海区で操業する大中型まき網漁船を対象に平成26年10月から試験的なマサバIQ管理を実施している。次のURLにて、取りまとめを受けての対応について記載している。
http：//www.jfa.maff.go.jp/j/kanri/other/arikata.html

第2節　最終提言（2019年5月21日）

1. 最終報告（提言）について

第2次水産業改革委員会（2017年9月29日発足）は、2019年4月までに計18回の委員会を開催し、徹底した現状分析と現行の制度・システムに対する検証作業を行った。その間、前年（2018年）7月の「中間提言」において、当委員会は「海洋と水産資源は国民共有の財産」を漁業関連法に明示することを前提とした新たな制度・システムの構築を内容とする7つの提言を行った。中間提言以降は、沿岸漁業・養殖業を中心とする従来型の検討の域を超え、本委員会は日本の水産業の全体を包括的、総合的に検討することに力点を置いた。

当委員会は、我が国の水産行政と予算が「水産業」とはいいながら、沿岸漁業・養殖業、漁業協同組合、漁港・水揚げ施設などの沿岸漁業のハード対策の範疇にとどまっていることを懸念する。現在は、水産業の全体を俯瞰する政策がなく、貿易、輸出入制度と対策、国連持続的開発委員会の2030年目標（国連の持続可能な開発目標：SDGs）、国際認証制度、国際漁業交渉、水産流通、水産加工、消費、並びに啓発普及・教育の対策がおろそかになっている。これでは効果的な水産（沿岸漁業の域を超えた水産業全体）の政策は樹立し得ない。昨年末、国は水産業の成長産業化を目的とした漁業法の改正を行った。しかし、その改正は旧弊の沿岸漁業・養殖業の漁業権を維持するなどの内容にとどまった。

こうした情勢の変化を踏まえ、本報告は、中間提言以降の水産政策と水産業全体にわたる包括的、総合的な検討を行い、中間提言をさらに深化させるとともに、改正漁業法の評価にも言及した。それらの検討の結果を踏まえ、新たな制度・システムの具体像（「あるべき姿」）

をより具体的に提示するとともに、「あるべき姿」へ移行させるために必要な今後5年以内と10年以内のスケジュール感を示し、達成目標・内容も提示した。

〈日経調　第２次水産業改革委員会　中間提言〉（2018年７月）

提言１：海洋と水産資源は国民共有の財産であると明示せよ
提言２：科学的根拠に基づく水産資源の持続的利活用を徹底し、直ちに悪化資源の回復を図るとともに、広く国民に開かれた海洋と水産資源の保存管理を行え
提言３：現行の漁業権を廃止し、すべての漁業・養殖業に許可制度を導入せよ
提言４：譲渡可能個別漁獲（生産）割当（ITQ）方式を導入し、過剰漁獲（生産）能力を早急に削減するとともに、漁業経営を持続可能な自立経営とせよ
提言５：国際社会の動向の反映と消費者マインドを確立せよ
提言６：水産予算の大幅な組み替えを実行せよ
提言７：現行の漁業法制度を廃止し、新たな制度・システムを構築せよ

2. 最終報告（提言）に至る背景とその柱

(1) 旧明治漁業法を内包する改正漁業法

諸外国の制度を見ると、国連海洋法条約の発効以降、同条約の精神と主旨を受けて、憲法、漁業法や水産政策をもって、海洋と水産資源は国民共有の財産であり、国家ないし州政府（日本の都道府県に相当）が国民ないし州民からの負託を受けて、その資源を客観的に管理している。すなわち、科学的根拠に基づき、透明性をもって水産資源の持

続的管理を継続的に行うことがすべての基本となっているが、日本では、科学に基づかない漁業者間の協議（いわゆる「自主的規制」）と漁協の下で漁場（いわゆる「縄張り」）を確保する漁業調整を基礎とする旧態の漁業法制度とシステムが、国連海洋法条約の発効後も未だにその根幹に居座っている。今回の70年ぶりの漁業法の改正も、1996年に我が国が国連海洋法条約を批准·発効した後の改正である。したがって国連海洋法条約の内容を反映した内容でなければならない。にもかかわらず、旧明治漁業法を根源とする漁業権制度を維持し、かつ強化し続けることが明らかになった（参考資料7「漁業・資源管理に係る改正漁業法と改革案（提言）の比較」を参照）。

(2) 改正漁業法の評価

・国連海洋法条約の精神と主旨を反映せぬ改正漁業法

2018年12月に成立した改正漁業法は、日本の漁業・水産業の成長と活力を取り戻すための根本的な内容からは程遠く、国連海洋法条約の精神と主旨を反映せず、その運用次第では時代に逆行する内容である。すなわち、その主な問題点を指摘すれば以下のとおり。

①改正漁業法の目的では、漁業が国民に対して水産物を供給する使命を有する旨が新たに加えられた。しかし、最も重要で喫緊の課題は、悪化した我が国の水産資源の回復と持続性の迅速な達成である。その使命の達成の大前提であり、国連海洋法条約の精神と主旨である「海洋と水産資源は国民共有の財産である」ということが改正漁業法に明記されていない。海洋と水産資源は、この大前提に基づき、国民からの負託を受けた国家・都道府県が科学的根拠に基づき管理する必要がある。このままでは、水産資源は「無主物」であるとの従来の考え方が踏襲され、漁業者や行政官が水産資源の持続的利

活用の確保や最大限の漁業生産の実現を軽視する従来の運用と慣行が継続されよう。今回の法改正は内容に実質的部分が少なく、具体的改正点にスケジュールも存在しないことから、改正点に沿った対策が講じられないまま、資源と漁業の悪化が進行することになりかねない。

②個別割当（IQ）制度の導入は、漁業者間の協議が整ったものから順次導入するとして、その導入に向けての具体的な内容と対象漁業・魚種並びにそのスケジュールを何ら明記していない。また、IQの移転に関しても国等の認可の下で、漁船の譲渡等と併せた場合や割当を受けた漁業者間で年度内に限り融通できるとしており、IQが設定されない魚種が多数の場合、IQを設定した魚種以外の譲渡は不可能である。例えば、北部太平洋まき網漁業でのサバ類以外のIQが設定されないマイワシやカタクチイワシの譲渡はできない。漁業経営の改善・立て直しに効果がみられる本来の個別譲渡可能割当（ITQ）については導入を否定している。しかし、現実的に世界ではIQを採用しているところはほとんどなく、投資の合理化やコスト削減により効率が高いITQを導入している。

③沿岸国が排他的経済水域内において海洋水産資源の権利と責任を有すると定められている国連海洋法条約第55条（排他的経済水域の特別の法制度）、第56条（排他的経済水域における沿岸国の権利、管轄権及び義務）、第61条（生物資源の保存）と第62条（生物資源の利用）では、水産資源の適当な保存と管理は沿岸国すなわち国家ないし州（都道府県）が自国にとって入手可能な最良の科学的証拠を考慮して行うこととしている。しかし、我が国は国連海洋法条約の規定にもかかわらず改正漁業法でも非公的機関である漁協が管理する漁業権制度を維持し、漁業及び水産資源の管理が漁協の役割として継続

されることになった。漁協には漁獲データの収集能力も科学的管理能力も備わっていない。これでは国が標榜する国際水準の資源評価・資源管理を実行することは不可能である。

また、都道府県が漁業権を付与する際の優先順位の法定を廃止し、これにより新規参入を促進すると説明している。既存の漁業権者が水域を「適切かつ有効に活用」している場合（本来は、法律で経済的基準や環境基準などを提示するべき）は、その既存漁業権者の継続利用を優先するとしている。こうした明確な基準の存在しない状況での既得権者の優先化政策と優先順位の廃止は、一方で既得権者の懸念も惹起して現場の混乱を招いている状況にある。また、投資と事業意欲のある新規参入を阻害する恐れがある。

④水産資源の保存と管理については、資源評価に基づき、漁獲可能量による管理を行い、最大持続生産量（MSY）を実現することができる水準を維持・回復させることを基本として、漁獲可能量による管理は管理区分ごとに行うとしている。しかし、そのために最も重要な漁獲データの収集・報告を改正漁業法では大臣許可漁業と知事許可漁業には義務付けているが、沿岸の漁業権漁業には義務付けをしなかった。これでは基本的に適切な資源評価はしようがない。また、資源評価や総漁獲可能量（TAC）を設定する魚種も少なすぎる。

⑤都道府県が認定すれば沿岸漁場の保全または改善の活動を内容とする沿岸漁場管理事業を漁協が実施できる新たな制度を導入することになったが、科学的管理能力のない漁協への業務の付与については、付与に値する根拠の説明が必要である。この制度によって保全活動に要する費用の見込み額の一部を管理団体の構成員以外の企業や新規参入者からその負担を求めることができるようになる。国連海洋法条約に照らせば、

管理料を徴収できるのは国家か州（都道府県）である。こうした制度の導入により、漁協による企業や個人への介入が一層進み、これらの者の経営の圧迫にもつながりかねず、沿岸漁業の衰退が更に加速することが懸念される。

以上のように、今回の改正漁業法は多くの問題を内包しており、抜本的な改正が求められる。

このため、現在の法体系の基本となっている旧明治漁業法を踏襲した改正漁業法を廃止し、更に漁業法制度とシステムを根本的に変えることが唯一、効果的かつ迅速な漁業の再生の道であり、その基本は漁業の回復を達成した各国が国連海洋法条約の精神と主旨にならったように、「海洋と水産資源は国民共有の財産である」ことを基軸とすることである。

(3) 中間提言の深化と拡充

日経調の第２次水産業改革委員会の最終報告（提言）では、中間提言の内容をさらに検討を深めた。水産物貿易と日本の輸出入制度、水産加工業の現状とあり方、海外漁業の現状と国際規制・交渉、スポーツ・フィッシング（遊漁）の現状と国際比較、2015年国連サミットで採択された2030年目標（SDGs）のうちSDG14（海の豊かさを守ろう）他、国際・国内認証制度と消費動向、科学調査と資源評価、地方経済から見た水産業などを検討しつつ、中間提言で打ち出した７つの提言をさらに深化・拡充させた。これらの７提言の下に新たな補足提言事項を加え、最終報告（提言）として取りまとめた。

最終報告（提言）は、趣意書でも表明した通り、「新たな漁業・水産業に関する制度・システムの具体像を示せ」の目標下で、新しい漁業法制度・システムの重要点を明記し、さらにその理由・手法と実施の内容を伴ったスケジュールを提示した。

(4) 最終報告（提言）の基本的視点

①それまでのジュネーブ海洋法４条約の公海自由の原則から、1982年の国連海洋法条約の発効以降に世界の規範となった「海洋水産資源は、無主物ではなく、沿岸国の国民共有の財産」と位置付けることである。そして、そのことを国民に周知徹底する。国民共有の財産は、国や都道府県が国民や都道府県民の負託を受けて、科学的根拠に基づき、公平かつ公正に解りやすく責任をもって管理しなければならない。

②我が国の水産政策は、明治時代から漁業者数が圧倒的に多い沿岸漁業と漁業協同組合の対策に偏ってきた。しかし、水産業は漁業のみならず、流通・加工・消費など多岐にわたることから、水産政策も幅広く対応して、国民全体に利益をもたらすべきである。

③改正された漁業法に関する政府の実施方針には、具体的スケジュールと達成目標が見られない。国は、将来の漁業・水産業の「あるべき姿」を示し、その実現に向けて政策を策定し、実行するべきである。

④大局的な視点をもって、沿岸漁業政策から「真の包括的、総合的な水産政策」の樹立を図るべきである。そのために、水産政策と経済を中長期の視野から研究調査評価する体制が必要である。

以上の視点に立ち、これまで日本政府が充分に注意を払うことを怠った国連海洋法条約、国連公海漁業協定やSDGsなどの国際条約・規範に則った制度・システムにすることで、日本の漁業と水産業の衰退を止め、水産資源の回復と持続的利活用を達成することができる。

こうした方向性のもとで、最終報告（提言）には、委員会でのこのような大局的かつ個別専門的な議論を踏まえて、これらの観点から包括的かつ各論を重視して盛り込んだ。その最終報告（提言）は以下のとおりである。

日経調　第２次水産業改革委員会最終報告（提言）新たな制度・システムの骨子

提言１：国連海洋法条約の精神と主旨を踏まえ、海洋と水産資源は国民共有の財産であることを新たな漁業・水産業の制度・システム（漁業関連法制度）の基本理念として明示すること

提言２：海洋と水産資源の持続的利活用の基本原則は、資源評価による科学的根拠に基づき行われるべきことを明確にし、その典型事案としてクロマグロやスケトウダラなど悪化している資源の回復に具体的かつ可及的速やかに取り組むこと

提言３：非公的機関である漁業協同組合が国民共有の財産である水産資源を管理することを許容する漁業権を廃止し、すべての漁業・養殖業に国際的な規範と実例に則した許可制度を導入すること

提言４：資源回復や経営強化に有効な個別譲渡可能割当（ITQ）方式を導入することにより、過剰漁獲能力の早急な削減を図るとともに、収益を向上させ、漁業経営を持続可能な自立できる経営体質とし、補助金からの脱却を図ること

提言５：国連の持続可能な開発目標（SDGs）の実行など国際社会の合意や理念を反映した国内政策を講ずるとともに、国際漁業条約の枠組みを尊重した外交を展開すること。また、水産資源及び環境の保全と持続的利活用に関する

消費者マインドの確立政策を講ずるとともに、その一環として必要な消費者教育と啓発、資源管理を基本とする適切な国際認証制度を導入すること

提言６：戦後一貫して続く沿岸漁業対策とハード・施設整備中心の水産予算配分から、資源管理、科学調査研究、加工・流通、消費者への教育・啓発活動に対する支援など現代のニーズに則した予算配分に大胆に転換するとともに、この関係の予算を飛躍的に拡充すること

提言７：旧明治漁業法の残滓（し）を引きずる現行漁業法制度を廃止し、海洋と水産資源は国民共有の財産であるとの基本理念のもと、新漁業法、新水産基本法、新養殖業法及びスポーツ・フィッシング法（新遊漁法）などを可及的速やかに制定するとともに、水産政策確立のための包括的・総合的な体制の整備を含め、新たな制度・システムを構築すること

提言１：国連海洋法条約の精神と主旨を踏まえ、海洋と水産資源は国民共有の財産であることを新たな漁業・水産業の制度・システム（漁業関連法制度）の基本理念として明示すること

1982年に採択された国連海洋法条約の精神と主旨は、沿岸国政府が設定し管轄権を有する自国排他的経済水域内（国連海洋法条約第55条及び第56条）の海洋生物資源の科学的管理を自国の権利と義務として実施するものである（国連海洋法条約第61条及び第62条）。すなわち、それまでのジュネーブ海洋法４条約の趣旨からの転換を図り、排他的経済水域内で各国政府は海洋生物資源の所有者たる国民の負託を受けて、その海洋生物資源を管理する方向をここに確立したと理解される。各国が国連海洋法条約に前後して制定し修正したブラジル、エクアド

ル、南アフリカ、韓国等の憲法及びアイスランド漁業法並びに米国アラスカ州やオーストラリアの各州漁業法などでは、明確にその定めがある。また、米国では水産資源は無主物との定めがあっても、先占を許さず、その管理は、国民の負託を受けて国家と州政府が管理する。

我が国の民法では「無主物先占」（第239条）との定めがあるが、日本は国連海洋法条約を1996年に批准しており、国が国民の負託を受けて水産資源を管理する思想と制度へ根本的に転換する必要がある。

すなわち、水産資源を民法の「無主物」とするのではなく、畑の作物と同様に、「天然果実（第88条、第89条）」の法理に根拠を置くならば、「海洋と水産資源は国民共有の財産である」と解することができる。そのために必要な対応について明示すると、以下のとおりである。

①「海洋と水産資源は国民共有の財産である」と新漁業法及び新水産基本法の前文と第１条（目的）に明記することが重要である。また、これに関連する条項として、「海洋と水産資源は科学的、持続的に管理するべきであり、必要な法的・制度的・組織的・予算的な措置を迅速に講じること」を定め、「海洋保護区の設定や海洋水産教育の振興」などについても明示することである。

②国（政府）と都道府県は、国民と都道府県民の負託を受けて、海洋と水産資源を管理するので、その保護と利活用にも責任がある。漁業者と養殖業者を含め、海面と水産資源の利用者に対しては、その利活用から便益を最大限に上げる努力を義務付ける。その上で法人税や所得税とは別個の考え方に基づく国民共有の財産を使用する対価としての資源利用税（リソース・レント）を徴収する。

③外国人ないし外国企業が我が国の200カイリ内の水産資源を漁獲することは、これを原則的に禁止する。漁業の許可または養殖業の許可（漁獲割当量もしくは養殖許可量）を受けて漁

業・養殖業を営む者は日本企業並びに日本人に限定し、それらの日本法人等の外国人の出資は25%を超えないものとする。これらの規定は環太平洋パートナーシップに関する包括的及び先進的な協定（TPP11）第9章の天然資源への投資の政府によるコントロールの規定に合致し、投資の例外的措置に該当する。

提言2：海洋と水産資源の持続的利活用の基本原則は、資源評価による科学的根拠に基づき行われるべきことを明確にし、その典型事案としてクロマグロやスケトウダラなど悪化している資源の回復に具体的かつ可及的速やかに取り組むこと

①漁獲データの提出と義務付け

漁獲データは国民と都道府県民の資産として位置づけ、沿岸漁業を含むすべての漁業から漁獲データの提出を新漁業法で義務付けよ。

漁獲データが存在しなければ、資源の評価は不可能である。沿岸漁業では資源の評価がなされずに、海洋水産資源開発促進法などによる漁業者の自主的管理という非科学的な措置をこれまで許容してきた。今後の人工知能（AI）導入においても漁獲データがあって初めて機能する。漁獲データが存在して初めて分析や評価が可能で、資源管理も実施することができる。生物学的許容漁獲量（ABC）だけでなくTACの設定もIQやITQの導入も漁獲データに基づく資源の評価が行われて可能となる。漁獲データの提出義務付けは、農林水産省令（または漁業許可証の裏書）と都道府県の漁業調整規則の改正によって直ちに可能であるが、これを法的に整備・義務付けることが重要である。なお、2016年6月に違法漁業防

止寄港国措置協定（PSMA）が発効したが、これは違法・無報告・無規制（IUU）漁業防止が目的である。寄港国も公平性の観点から自国漁船に対して、漁獲データ及び漁獲量の報告を求めることとなった。

②資源の回復と維持を目的とする資源評価は、その魚種の特性や回遊範囲と漁獲データや科学データなどの利用可能性から判断して、適切な方式を選択するべきである。その方式にはMSYを目標とするものと、目標とする資源の回復の水準を定めてそこに到達するまで数年間にわたる漁獲量を算出し、その後の資源の水準に応じて漁獲率を10%ないし15%などに設定する漁獲コントロール・ルール（HCR）による方式がある。

いずれの方式でも、MSYやHCRでの方策での回復目標期限（例えば3年後）などを公的な委員会で定めて固定することが重要であり、行政府の単独判断で変更するべきでない。漁業者の要求に応じ、いったん採択した資源の回復の目標値と方策を変更してはならない。これまでに親魚資源量の回復水準を低くしたり、回復までの期間3年を30年などの長期間への変更がなされてきた。

③漁業管理計画の作成と採択

米国やオーストラリアにならい、魚種毎の漁獲期間の漁獲計画と資源の回復計画を地域漁業管理委員会（仮称）などが作成する。国連海洋法条約及び国連公海漁業協定で定められた、海域を特定し漁獲量と資源量の適正目標水準（Ftarget とBtarget）及び漁獲量と資源量の限界値（Flimit とBlimit）を魚種・系統群ごとに定める。また、資源量限界値（Blimit：概ね初期資源の10%水準）以下の場合は一切漁業を行わないこと、過剰漁獲の定義と回復計画や漁獲計画のレビューとモニターなどを、地域水産科学研究センター（仮称）での検討を経て地域漁業管理委員会（仮称）で検討・決定することを明記する（後述参考資料2「新たな資源調査・評価機関及び漁獲管理体制の模式図」を参照）。

④資源評価及びその後のTACの導入は、生物資源の分布と特性に応じて行うとともに、資源解析と資源評価の精度を向上する必要がある。現行の産卵親魚の年齢と自然死亡率（M）は十分な調査・分析がなされておらず、便宜的に決定されていて、魚種による違いや年齢による変化を反映して、科学的に決定する。欧米の主要漁業国にならい、我が国の資源評価魚種を増加させる。2年以内に100魚種・系統群、5年以内に400魚種・系統群の資源評価を実施する。資源評価を実施する数理統計学や資源動態学の専門家・科学者の増員が必要である。また、米国、北欧など漁業資源評価先進国の科学者を各魚種すべての資源評価のプロセスに参加させることが重要である。

⑤都道府県との分野区分

国の水産研究・教育機構や水産研究所と都道府県との分野を明確にする。

基本的には、3カイリ（約5.6㎞）以内の資源は都道府県が、3カイリを超える資源については国が資源の調査及び評価を担当する。複数県にその回遊と分布がある資源については、国と関係の都道府県が全て関与して、その資源の評価を担当する。都道府県の水産試験研究機関が、農業や他産業に統合されるケースが増えており、水産予算の確保が困難になりつつあることから、水産研究の予算と人員の規模を明確に定めるべきである。

⑥地域水産科学研究センター（仮称）の設立

米国の例にならい､科学研究の地区別の担当海域を設定する。

1. オホーツク海（知床と利尻礼文を含む）
2. 太平洋北部（北海道太平洋から千葉県野島崎まで）
3. 日本海北部（稚内から富山湾東部まで）
4. 太平洋南区（②以外の太平洋から沖縄まで）
5. 日本海南部（富山湾東部から山口県角島沖まで）
6. 東シナ海区（東シナ海）

これらの海域ごとに研究センターを拠点として設置する。

これらの海区に対応して地域漁業管理委員会（仮称）を設置する。

⑦予防的アプローチの適用

国連公海漁業協定と国連食糧農業機関（FAO）の責任ある漁業の国際行動規範で、生物生態、経済と社会的なプロセスに関する不確実性に対して予防的アプローチ適用が認知された。基本的に漁業の管理措置や管理機関並びに資源へのアクセスの情報が不十分である場合には、特にオープンアクセスの場合、資源の乱獲につながる。このような場合にTACを定める際、予防的アプローチを適用する。

⑧海洋生態系の変動及び地球温暖化の考慮

1. 工業化や宅地化の進展に伴い、我が国は魚類の生息場ないしは卵稚仔の育成場としての自然海岸、湿地帯、汽水域や藻場、干潟などの多くを失った。現在の藻場面積は昭和60年代の約50％しかないとの推計もある。沿岸や海洋生態系の喪失や劣化は、生物の多様性と生物量の減少にも結び付くが、我が国の海洋及び水産の研究分野では、これらの人間の開発行為がもたらす海洋生態系の劣化・悪化に関する研究と政策的対応が遅れている。他方、2001年に策定されたミレニアム開発目標の後継として2015年9月国連サミットは､SDG14(海の豊かさを守ろう）を含め17のSDGs目標を2030年までに達成すべきとして採択した。しかし、我が国の水産研究分野での対応が政策的対応とともに遅れている。SDG14では海洋生態系への悪影響の回避、持続的管理と保護（14.2項）、漁業や養殖業の海洋生態系に適合した持続的管理（14.7項）が要請される。海洋生態系の変動の把握とその改善策がなければ、漁業も養殖業も衰退する。

2. また、SDG15（陸の豊かさも守ろう）では陸上生態系の保全や持続的利活用が求められる。陸上の農業・畜産業からは多量に使われる農薬、肥料と糞尿が河川や地下水を通じて海洋に流入し、かつ農業用水と上水の取水がなされ、下水が海洋に放出される。これらの要因は海洋生態系に負荷をかける。また、河川護岸工事で河川流水が海洋に直行し、沿岸域の生態系に影響する。防災を目的とし大雨の特定時に流入水が増大する一方、平時は水量・河川水の栄養分が不足する。護岸堤防建設とかさ上げ工事で、生物は生息環境を失う。また、森林が広葉樹から針葉樹に植林され、放置されたために、保水力の低い針葉樹林が多くを占めている。
3. 地球温暖化による海水温上昇と海洋酸性化の進行は、様々な魚種に冷水域へ移動を強いるケースがあり、移動できない種は減少・消滅する。これら多岐にわたる要因の把握と解決に向けた対策を進めるべきであり、複合的なアプローチが必要である。ひとつは研究者、科学者がより専門性を深め、高い知見を有することが求められ、また同時に多くの分野において専門家を広く招請し、複数の高い専門的な知見を獲得すること（マルチ・デシプレナリー）がより重要となる。
4. SDGsへの対応　我が国の国連SDGsへの取り組みは遅れている。海洋や陸上のこれらの要因を総合的に、かつ複数の分野における高度な専門性を活用し、漁業及び水産資源に及ぼす影響の分析と評価に取り組む必要がある。そして、陸海生態系の要素と機能に焦点を当てた調査研究活動に早急に取り組むべきである。

提言３：非公的機関である漁業協同組合が国民共有の財産である水産資源を管理することを許容する漁業権を廃止し、すべての漁業・養殖業に国際的な規範と実例に則した許可制度を導入すること

養殖業の持続的な発展と経営の向上並びに競争力のある展開は、排他的で小規模経営を優先する漁業権制度の下では限界がある。基本的には養殖業においても海域の科学的管理と経営の持続性（利益を生じる）がなければ、産業としては存続が不可能である。従って、養殖業を漁業権漁業から許可漁業へ転換させるとともに、ITQ 方式の導入により小規模平等を排して、経営規模の拡大や経営体の創意工夫が可能な状況を創設する必要がある。欧米の養殖業は、こうした許可制度の下で発展しており、我が国においても許可制度に移行させるべきである。

現在、漁船操業など漁業権漁業の多くは知事による許可漁業に移行している。もともと、養殖業は1962年の漁業法改正で特定区画漁業権が創設されるまでは、経営者免許が中心であり、組合管理型漁業権は限られていた。また、定置網漁業は現在でも漁業権とは言っても、漁業経営者と企業に対する事実上の許可になっている。漁協自営が優先順位第１位とは言え、これも経営体としての漁協への免許である。

従って、養殖業と定置網漁業は個人経営体ないし各企業に許可すべきである。現行制度でも、知事の許可制度としてその事業を許可することも考えられるが、これを「新漁業法」において、共同漁業権も含め、以下のように法定化するべきである（参考資料４「漁業権漁業」を「許

可漁業」へ移行させる実現工程表を参照)。

養殖業の許可制

養殖業は、国際的に一般化している許可制度に可及的速やかに移行させることとし、許可の条件としては、

1. 持続的な経営力を持つこと。
2. 環境・生態系へ悪影響が最小限の適切な事業であること。
3. 許可内容を順守すること。

上記を条件とする。また、許可期間は「最長50年(更新なし)の範囲内」で付与するが、5年ごとに許可条件の履行状況を第三者外部機関（参考資料3「養殖業の許可及び海面（漁場）リース許可の模式図」を参照）で厳格にチェックし、履行されていない場合には改善勧告や許可取消の措置をとる。なお、許可の条件については、地域の実情に応じたオプションを設ける。

(1)　これと併せて国及び都道府県は養殖業を営むことができる養殖海域を指定し、その中で各人が養殖できる漁場についても、漁場のリース許可を与え、リース許可料を徴収する。この期間も最長50年（更新なし）の範囲内で付与された同期間とする。また、一般に養殖業・リース許可は生産計画の見通しや管理計画が樹立しやすく、経営計画を見通すことが可能である。したがって養殖業が、ITQになじむ性格を持つことから、相手先が許可を受ける要件を満たした場合には、養殖業も販売等譲渡の対象とする。

(参考)

①米国連邦水域メキシコ湾では10年更新可能（養殖業の許可にNGOが反対し訴訟中で実績なし)。

②ノルウェーは、無期限で、改定される法律・規則に照らしたレビューで失効の可能性あり。

③オーストラリア南豪州は20年(生産リース)そのほかパイロットリース（12か月以内)、調査許可（5年以内）と緊急許可（6か月以内で更新可能）があり、期間は短い。

④日本は特定区画漁業権が5年、第2種区画漁業権（仕切網式魚類養殖業等）及び真珠養殖が10年。

⑤チリは2010年以前には永久の許可。2010年以降は25年以内で、環境他に問題がなければ更新可能。養殖ゾーンごとに休漁期間が定められる。

⑥日本では事業用定期借地権は10年以上50年未満(更新なし)。

(2) 国及び都道府県は、5年後を目標とする「養殖業管理戦略」を策定し、海域のキャパシティー（環境収容力）に応じた全体の養殖可能量、養殖魚種、付着生物の処理方法など海域（養殖漁場）の保全措置、適切な養殖手法、使用可能薬品などを定める。

(3) 国及び都道府県は、養殖漁場を取り巻く海洋環境が劣化（漁場老化)することに対応して、5年ごとに日本全体と海域ごとの「漁場の保全と生産力の回復措置」並びに「産業排水や生活用水など陸上に起因する環境変化に対応する規制措置」と「養殖水産物の安全性の目標」を定める。

(4) 養殖業の餌の安全性確保
国及び都道府県は餌の調達方法と餌の種類・内容物とカテゴリー並びに餌生物の持続性に関する基準を定め、養殖業が環境にやさしく、持続的に、安全な生産物を生産することを目指す。

(5) 餌に関しては、最近ブランド・サケの生産が盛んになり、エクストルーダーペレット（EP）の製品の規格が細分化して、製造コストが上昇している。今後の技術開発を官民ともに推進することが必要である。また、餌の中に含まれる魚病抑制剤、成長促進剤等の安全性の研究と確認が必要である。併せて、その安全性が確認され次第、その薬品の使用が養殖ハマチなどの対米国や対欧州の輸出の障壁とならないよう国（政府）は、交渉を進めるべきである。

(6) 今後、日本におけるサケ類の養殖が進展することは明確であり、そのために安全な受精卵の輸入が必要であり、現在の行政合意のスピードを一層早める必要がある。

(7) 陸上循環系養殖（RAS）の確立
サケなどの魚類養殖に関しては実験室レベルのRASしかできていない。我が国におけるこれらの技術の開発と展開は、世界から大きく遅れており、これの推進を急ぐべきである。これらを経営面及び技術面から早急に検討する必要がある。

サーモンを中心に養殖生産量を拡大してきたノルウェーでは、養殖業の海洋生態系への悪影響が問題として浮上し、かつ、海洋の汚染や水温の上昇並びに台風などの自然災害からの影響を回避する目的で、RAS、卵型カプセルとフロート型の沖出し養殖場の開発が始まっている。

陸上養殖はかけ流し式が日本の場合一般的である。また、規模としては魚類養殖では数百トンである。しかし、RASは99%の循環する水を再利用する環境にやさしい方式であり、災害や病気からも解放される。一方で、循環系を構成する生物活性槽やドラムフィルター、トリックリング器の装備とその運営が高コストであり、また世界的にみてもアトランティックサーモンの成長魚の成功例が少ないなどの技術的、生物化学的課題も抱える。

> 提言4：資源回復や経営強化に有効な個別譲渡可能割当（ITQ）方式を導入することにより、過剰漁獲能力の早急な削減を図るとともに、収益を向上させ、漁業経営を持続可能な自立できる経営体質とし、補助金からの脱却を図ること

(1) TAC は、新漁業法によって、ABC を確実に下回る水準となることを法的に定め、義務付けるべきである。また、TAC を日本の海域を１つとして定めることは科学的根拠に反する。魚種別の TAC 設定は明確に太平洋系統群、日本海系統群、または東シナ海系統群などの系統群と海域別に区別して行うべきである。これまでの日本の TAC は非科学的で真の TAC とは言い難い。

(2) ITQ の導入―1
ITQ の導入を促進するべきである。欧米諸国は 25 魚種程度に導入している。今後５年程度で TAC 魚種９種（マサバとゴマサバを２魚種として管理するべき）について ITQ を導入する。10 年後には 25 種程度の ITQ の導入を目指す。

(3) ITQ の導入―2
ITQ 導入の魚種として、その導入が比較的容易と考えられる単一魚種（または２魚種程度）を漁獲する大中型まき網漁業、カニやエビを漁獲するかご漁業などで導入する。例えば、北部太平洋まき網漁業、さんま棒受け網漁業、ベニズワイガニ漁業などである。これらは５年以内に ITQ を導入する。
また、沿岸のアワビやサザエを漁獲する漁業も資源の移動性がなく、資源状態の把握が容易で、ITQ の導入も容易である。これらも代表的な漁場で、漁場を区切り ABC と TAC の設定を先行させる（韓国のサザエとタイラギ漁業や南オーストラリアのアワビ漁業が参考事例となる）。

(4) 欧米諸国で導入された ITQ は、その運用が、資源の回復と漁業経営体の経営利益の向上をもたらしたことで、資産としての価値が増大した。当該分野における通貨並びに有価証券と等しい効果をもたらした。このために、漁業者はすぐに現金化して販売、これを購入した大規模漁業者や資本家が ITQ を集積し、これを漁業者に賃貸（レント）して、レンタル料を徴収するようになった。これらのレンタル料が魚価の60~70％に相当するとみられる。また、小規模の漁業者にあっても、1980年代に初期の割り当てを得たもの（第1世代）が利益を独占するなど、漁業を引き継ぐ第2世代における購入問題が発生して、参入の障壁となっている。

⑸　ITQの導入―3

ITQは全般的に資源の回復と持続性の維持はもとより、経営の統合・合理化によるコスト削減によって、経営基盤の強化と収益性の向上をもたらすとして評価が高い。しかし、上記⑷のとおりITQが資本家への集中による不公平性、リース料の魚価への転嫁、世代間格差などの問題を惹起している。

これらの問題を日本が修正し、その導入と運用の改善を図ることで、世界のモデルとなるITQ制度の修正版を提示することが可能となる。このためITQの条件や内容としては、次のとおりである。

❶実際の漁業操業者に限り、単なるITQの保持は認めない。また、譲渡も実際の操業者に限る。

❷操業する漁業者、水産加工業者、市場流通業者などのグループに対してITQを与え、そのグループ内でのみITQを認める。所有権は与えず、漁獲行使権とする。

❸ ITQの有効期間は5~10年で区切り、没収後は再度入札にかける。

などがあげられる。これらを十分に検討した上で、ITQ制度の修正版(日本版ITQ)を世界に向かって提示する。その際、❷では漁業協同組合と水産加工業協同組合などを統合した総合的な水産業協同組合の設立なども検討に値する。

提言５：国連の持続可能な開発目標（SDGs）の実行など国際社会の合意や理念を反映した国内政策を講ずるとともに、国際漁業条約の枠組みを尊重した外交を展開すること
また、水産資源及び環境の保全と持続的利活用に関する消費者マインドの確立政策を講ずるとともに、その一環として必要な消費者教育と啓発、資源管理を基本とする適切な国際認証制度を導入すること

(1) 国際的な動向を踏まえた国内対策と国際交渉の推進

①我が国では、国連海洋法条約や国連公海漁業協定などの根幹的内容である科学的根拠に基づくアウトプット・コントロール（漁獲総量規制で漁業を抑制する）についての規定も適切に国内法に反映されていない。国（政府）は自主的規制という漁業者間の合意にゆだね、これらの条約の国内での適切な実施を図らなかった。

② SDGsへの対応
2015年の国連サミットで合意され、2030年までの達成を目標としたSDGsについて、日本は欧米諸国に比べて政府内と国民の理解の対応が著しく遅れている。水産業の分野で最も密接に関係するゴールはSDG14（海の豊かさを守ろう）で、次いでSDG15（陸の豊かさも守ろう）である。多角的な専門分野にわたるマルチ・デシプレナリーな対応が早急に必要である。

SDGsの17目標は相互に密接に関連している。これらの取り組みは、FAO、国連教育科学文化機関（UNESCO）、世界保健機構（WHO）、国際労働機関（ILO）、並びに国際環境計画（UNEP）などの国連機関がそれぞれの専門分野ごとに取り組んでいる。

それぞれのゴールの下に以下の課題がある。これらを実施する必要がある。

・SDG14.2：2020年までに

海洋及び沿岸の生態系のレジリエンス強化や回復取り組みなどを通じた持続的な管理と保護を行い、大きな悪影響を回避し、健全で生産的な海洋を実現する。

・SDG15.1：2020年までに

国際協定の下での義務に則って、森林、湿地、山地、及び乾燥地をはじめとする陸域生態系と内陸淡水生態系及びそれらのサービスの保全、回復、及び持続可能な利用を確保する。

・SDG6.6：2020年までに

山地、森林、湿地、河川、帯水層、湖沼などの水に関連する生態系の保護・回復を行う。

湿地帯、砂地や藻場などが存在する場所では、コンクリート、投石ならびに鉄柵の垂直護岸などの人工構造物が海洋生態系と生物多様性に影響を及ぼす。これらが漁業・養殖業の生産にも影響すると考えられることから、本影響に関する生態系サービスの機能に関する調査・研究が早急に必要である。

2016年にFAOの加盟国は、違法、無報告、無規制の漁業であるIUU漁業の撲滅等に関する寄港国措置に関する協定を締結した。IUU漁業の撲滅のために我が国の協力的義務が明確になったが、一方で同協定では、寄港国の漁業も同様にIUU対策を講ずることを要請している。我が国沿岸漁業では漁獲データの報告がなされていない状況である。また、事実上の無規制の刺し網漁業などの自由漁業が多数存在する。

③国際情勢に合わせたSDG14.4の達成やトレーサビリティの取り組み強化などIUU漁業撲滅の国内対策が必要である。

④我が国の国際交渉も基本的には国連海洋法条約や国連SDGs目標、地域漁業機関や国際捕鯨取締条約（ICRW）、北太平洋漁業委員会（NPFC）、中西部太平洋まぐろ類委員会（WCPFC）

などの国際漁業条約などを尊重しつつ、科学的根拠に基づく持続的利活用の原則に従うことが極めて重要である。

⑤我が国は、NPFCでは自国の最近の実績を大幅に上回る漁獲枠を提示し他の加盟国からの反発を招き、WCPFCでは、わずか初期資源の3%程度の親魚量しかないクロマグロの漁獲量の増加を提案し、否決された。一方でカツオに関しては初期資源の50%の親魚量があるにもかかわらず漁獲の抑制を要求し、WCPFCの同一委員会内で相矛盾する提案を行った。ICRWからの脱退は、国際的な枠組みでの解決を放棄したものであり、調査捕鯨により30年以上にわたって長年積み上げてきた科学データの活用の場を失うことにもつながる。また、持続的利活用の原則で一致した行動をとってきた多くの発展途上国を国際捕鯨委員会（IWC）に置き去り状態にすることになった。北大西洋海産哺乳動物委員会（NAMMCO）の活用他をめぐって、ノルウェーやアイスランドとその協力関係の認識にギャップが生じて、これら各国から従前得られていた協力が得難い状況になっている。

以上のように、国際法の枠組みを尊重しつつ科学的根拠と持続的利活用の原則を達成することが基本原則であるにも係わらず、最近の我が国の水産外交はこれらの原則から逸脱していると考えられる。これらの原則に沿った国際交渉（例えば1959年の我が国のICRW脱退後の即座の復帰や、2002年のアイスランドの復帰の例にならいICRW付表第10条（e）項に対する異議申し立てを付してICRWに再加盟する）を推進し、国際的にも信頼を得ることが肝要である。

⑵　WCPFCと国内規制の修正

①WCPFCでは南太平洋島しょ国が入漁で採用する隻日数制限

（VDS：1日当たりの入漁料を定めること）は経済的利益を目的としたインプット・コントロールであり、また、その収入の使途が明確にされていない。本来であればカツオ・マグロ資源の保存と管理及びその持続的利活用の推進に充てられるべきであり、その透明性を追求するべきである。日本政府は、基本的にはWCPFCでのTACの設定と国別割当などのアウトプット・コントロールのスキームの提案を米国やニュージーランドとも積極的に協力しながら行うべきである。

併せて、日本独自の問題としてWCPFCの海域で操業する際に制限要因となっている漁船のサイズ規制などは、基本的に国別割当の導入とともに撤廃することが望ましい。現在の我が国の海外まき網漁船の349トン型から760トン型級への大型化は、建造補助金の交付がヘリコプターの搭載や居住環境の改善を条件とした共通仕様の下で行われている。加えて許可購入費用も必要であることから、過大なコストの抑制の観点から修正が必要である。また、遠洋漁業漁船での労働力の確保は喫緊の課題であり、その確保のための船舶職員法の改正、研修・トレーニングの整備を行うべきである。

②北太平洋の排他的経済水域外での外国船の操業

日本の排他的経済水域外でマサバやマイワシとサンマなどが外国船によって漁獲されているが、これらは国連海洋法条約に照らし、公海域での操業であり、北太平洋漁業条約の適用を受けるサンマ以外については国連公海漁業協定の一般的な規定が当てはまるにすぎず、実効ある管理措置を取ることは困難である。

他方、我が国漁船も、北太平洋漁業条約と国連公海漁業協定の趣旨に則り、我が国の最良と考える科学的根拠に基づき持続的に漁獲に参入するべきである。その場合は既得権と既存の漁業省令・規則にこだわらず、母船式操業や工船トロール漁船並びにマルチ・パーパス漁船の操業を現実的に検討し迅速に実施に移すべきである。

(3) 国際情勢を踏まえた消費対策の充実

消費動向調査の実施

日本を含む主要８カ国の水産物消費動向調査をノルウェーが実施し、消費動向並びに傾向を把握して輸出戦略を樹立している。これらノルウェーの調査結果はすべての関係者に公開される。我が国も水産物全体、とりわけサケ・マス、マグロ及びエビに関する需要と消費の調査を行い、消費動向全体を把握し、包括的水産政策の策定の基礎とすること。

①まだ限定的ではあるが、民間の取り組みにより、小売り段階でも資源の持続性の重要性をアピールする販売方針が消費者の理解と支持を得ており、これらの取り組みをSDGsと併せて推進する必要がある。また、ノルウェーは輸出関税の中から水産物の研究・調査に費用を充当しており、日本も消費者が一定の財源（例えば、水産物に課税される将来の消費税の増加部分）を水産物の持続性への研究・調査に充てるシステムや税制などを導入するべきである。

②水産資源や漁業の国際・国内認証制度に関しては、行政、生産者はもとより消費者サイドにもその理解が及んでおらず、その対応が遅れている。その中間に位置する流通、加工と小売分野でも理解されていない。

③認証制度への対応

海洋管理協議会（MSC）と水産養殖管理協議会（ASC）に比べて国際的にも国内的にもその評価が遅れ、浸透度が低調な一般社団法人マリン・エコラベル・ジャパン協議会（MEL）と養殖エコラベル（AEL）の認証制度の根本的な問題は、基本的概念である水産資源と養殖の持続性の担保と海洋生態系との調和の観点が不足していることとみられる。MELは認証スキームの承認組織であるGSSI（Global Sustainable Seafood Initiative）の承認を目指しているが、説明責任、透明性とガバナンスの向上に努める必要がある。

日本政府は補助金を提供し、MELとAELの認証取得を日本国内で推進し、2020年東京オリンピック・パラリンピックでの本認証製品の使用の促進を目指しているが、本質的な課題は、我が国の資源管理の充実を図り、これら資源を科学的根拠に基づき持続的に漁獲する漁業を認証するMEL認証制度の土台作りをバックアップすることである。

④国内外の変化に対応した漁業後継者と漁業労働者の育成と訓練

これからの世代の漁業後継者や漁業労働者は、国際と国内情勢が刻々と変化する環境において、以下のア～エなどに対応できるような従前とは異なる教育と訓練の機会が与えられる必要がある。

ア）国連のSDGs、PSMA、IUU漁業対策
イ）漁業法、資源評価やTACとITQ制度などの新管理措置
ウ）国内での漁獲データの記入と提出
エ）マーケットでの販売と販売記録の記入

提言６：戦後一貫して続く沿岸漁業対策とハード・施設整備中心の水産予算配分から、資源管理、科学調査研究、加工・流通、消費者への教育・啓発活動に対する支援など現代のニーズに則した予算配分に大胆に転換するとともに、この関係の予算を飛躍的に拡充すること

(1) 漁業を立て直したノルウェーなど諸外国は制度の変更とともに補助金の削減を実施した。我が国では2019年度水産予算と2018年度補正予算を入れて3,000億円を超す大型予算となっているが、これは漁業制度の改革を口実にし、補助金の提供を目的としたものである。資源の持続性を阻害する補助金は世界貿易機関（WTO）では禁止されている。

(2) 2019年度水産予算は、漁港整備や経営困難者への補てん金（漁業共済金補てんは事実上の漁業所得補償）を含めて持続可能な水産業の実現には貢献しないと考えられる。予算の内容は沿岸漁業対策とハード予算が主体を占める。漁船のリース事業、荷捌所・保管庫・漁港施設などの建設である。これらの予算は、資源をさらに悪化させる潜在的漁獲能力の増大をもたらすことが懸念される。

(3) 漁港予算などのハード予算は、日本が国土を再建するインフラ資本が不足・不十分だった戦後復興期にはその拡大・整備が必要であった。現在、漁港は過剰になり、漁船が少ない漁港が増え始めている。

(4) 水産加工分野にはわずか20億円程度しか予算が投入されていない。その大半が水産加工業者向けではなく、漁業者の加工向けである。また、加工、流通及び消費者向け予算も漁業者主体の６次産業化対策がほとんどであることから、加工業者、流通業者や消費者の現実のニーズ、実態に応える事業を用意するべきである。このことにより水産加工業者等が直接担い手となる事業・予算を新設するなど水産加工業者等向け予算を質量ともに飛躍的に拡充するべきである。包括的な水産の政策をステークホルダー全体で取り組む予算とするべきである。

(5) <u>漁獲データの収集</u>

<u>漁業から独立した科学調査データと漁獲データの収集及び科学</u>

オブザーバーの配置のための予算及び体制の確保と充実が必要である。
そのため、水産資源評価の研究者の増員と活動の支援、地域水産科学研究センター（仮称）における調査船の増隻も喫緊の課題である。
漁獲データの収集は、沿岸の漁業権漁業にも例外なく、全ての漁業に以下の漁獲データの提供のための予算事業を新たに創設する必要がある。

①漁獲データの共通記入フォームの作成とそれを漁業者が使用・記入することを指導する。また、記入したデータを専門家が検証する。

②小型沿岸漁船も含めて監視カメラの搭載と科学オブザーバーの乗船を法的に定める。

③電子タブレットの導入を促進し、情報が提供される地方自治体のサーバーやデバイスと人員の強化を支援する。

(6) 以上を踏まえ、科学的視点でハード予算から資源の回復のために必要なソフト予算に大幅に組み替えることが必要である。ハード予算の水産予算全体に占める割合を、例えば５年後は２分の１、10年後には４分の１以下とする。これら予算のシフトを盛り込んだ漁港漁場整備法などの法律の改正を行うことが必要である。

提言７：旧明治漁業法の残滓(し)を引きずる現行漁業法制度を廃止し、海洋と水産資源は国民共有の財産であるとの基本理念のもと、新漁業法、新水産基本法、新養殖業法及びスポーツ・フィッシング法（新遊漁法）などを可及的速やかに制定するとともに、水産政策確立のための包括的・総合的な体制の整備を含め、新たな制度・システムを構築すること本最終報告（提言）の内容を新たな制度・システムの骨子として位置付け、これを具体化するプロセスに入るようステークホルダーに働きかけるとともに消費者・国民に対する情報発信を行う。このプロセスは公平性と透明性を確保するためすべての情報開示を基本として運営する。具体化されるべき法制度とその概要を例示すれば次の通りである（参考資料７「第２次水産業改革委員会最終報告（提言）における「あるべき姿」の実現工程表」（P126）を参照）。

立法に当たっては、立法のプロセスを漁業者も含めて広く国民に開放し、その参加を奨励し、情報はすべて開示することが重要である。

なお、現行の水産資源保護法は、米国がサンフランシスコ講和条約で、以西底びき網漁業他の東シナ海などでの日本の漁業の乱獲を防止し、かつ脱却することを目指したものである。この資源保護の目的と同法律に記述される養殖種苗の関連条項を、「新漁業法」並びに後述の「新養殖業法」に含め、水産資源保護法は廃止する。

また、漁業者の水産資源の自主的管理の促進と海外の新しい漁場の開発などの推進を目的とした海洋水産資源開発促進法は、国連海洋法条約の精神と主旨並びに時代にそぐわなくなったので、廃止するべきである。

⑴　新漁業法の制定

旧明治漁業法の基本的な枠組みを保持する漁業法（2018年改正を含む）を廃止し、上記の提言1~6を含んだ「新漁業法」を制定する。

⑵　新水産基本法の制定

水産業の将来のビジョンと見通しを定めるのは新水産基本法とそれに付随する新水産基本計画である。現行の水産基本法(2001年)は、農業基本法が1991年に農業の将来像を検討し定められた後、これに追随し、旧沿岸漁業等振興法に盛り込まれた内容を継承して、水産基本法が策定された。水産物の安定供給の確保と水産業の健全な発展を掲げてはいるが、内容は沿岸漁業の振興が中心の法律であり、水産業の包括的、総合的な将来像と水産政策の方向を示すものではない。その基本となる自給率の設定も科学的な根拠と政策目標が入っていない。また、海洋生態系の変化・劣化が進行しており、これらの状況に対応する法律が必要である。

・新水産基本法及び新水産基本計画

新水産基本法には、水産業全体の包括的、総合的な現状把握と将来の見通し、政策目標と生産（事業）の達成目標を掲げる。水産業を構成する沿岸漁業、養殖業（陸上養殖と内水面を含む）、沖合漁業、遠洋漁業、水産加工業、水産流通業などの政策目標と生産目標を明記する。

我が国沿岸域の湿地帯や干潟・藻場の回復と保全、北太平洋全域の海洋生態系の保護・保全、これらに影響を及ぼす陸域の生態系と農畜産業の農薬と排出物、森林の保全と河川水量・水質やシルト・土砂などの影響も含めて言及する。また、地球温暖化と海洋の酸性化に関しても、海洋生態系に関する目標（調査・科学的根拠の蓄積）を新しい水産基本法と水産基本計画で定める。

(3)　新養殖業法の制定

養殖は海洋に負荷をかけないことや海洋の環境に十分に配慮し、海洋生態系の劣化を招かないようにすることを養殖業の許可にあたっての最も重要な基準（条件）とするべきである。消費者の養殖製品への安全と安心、持続性などへの関心の高まりが見られる。このために安全な餌料や薬品の使用などを推進することが必要である。また、輸出振興では、我が国の養殖業の基準が、輸入国の食品の安全基準と整合性がとれたものとするべきである。

我が国の養殖業は、過剰な投餌、排せつ物及び主対象の養殖生産物以外の付着物の除去により海洋環境の悪化の加害者としての側面もみられる。これらの是正を国内及び国外での販売上、早急に取り組む必要がある。また、海洋生態系と海洋環境の悪化で、オホーツク海、瀬戸内海、三陸沿岸などでも水質の悪化と貝毒の発生が見られる。さらに、養殖生産物の質と量の低下が顕在化しており、海洋生態系だけでなく、陸上生態系や農畜産業との関係から見た包括的・総合的な取り組みが求められる。特に、最近20年間急激に回帰量が減少しているサケ・マスのふ化放流の問題への対応は急務で、陸上の河川域とサケの回帰との関係の見直しと、北太平洋を共有する諸国との協議が必要になっている。

(4) スポーツ・フィッシング法（新遊漁法）の制定

我が国では、遊漁船業の適正化に関する法律（遊漁船業法）があるのみで、事実上スポーツ・フィッシング（遊漁）は適切な管理がほとんどなされていない。併せて、遊漁者からの情報の提供もなされていない。諸外国の例では、スポーツ・フィッシングを行う者にはライセンスの取得を義務付け、許可制が導入されている。我が国もこれを行うべきである。また、商業漁業と同列に、TACの中にスポーツ・フィッシング向けの漁獲量割当を設定し、これらを基準として、スポーツ・フィッシング者の1人1日当たりの漁獲量上限の設定や、漁獲物の販売目的の禁止を定める。これにより、スポーツ・フィッシングも商業漁業と等しく資源管理の枠組みに組み込む必要がある。

また、諸外国の例では、遊漁者への啓発・普及の充実と情報の提供やサンプル調査、教育機会の提供、遊漁人口の増大に関連して、諸設備が整備・充実をしてきており、これらの対策を盛り込んだ法律を定める必要がある。

(5)　海洋水産政策経済研究所（仮称）の設立

中長期的かつ大局的視点に立った海洋水産政策及び経済的な調査・研究・評価を行う海洋水産政策経済研究所（仮称）を設立する必要がある。

国内には、農林水産政策研究所や政策研究大学院大学、一般社団法人日本経済調査協議会、公益財団法人東京財団政策研究所などのシンクタンクが多数存在する。しかしながら、これらのいずれもが海洋水産政策を主たる調査研究の対象とはしていない。今後の海洋水産政策と経済、海域の利活用と管理などを調査研究する政府に代わりまたは補てんして政策の基本を検討し、政策・経済経営の評価と提言を行う機関（海洋水産政策経済研究所（仮称））を設立する。

(6)　目的と使命を終えた水産物輸入割当制度（IQ：Import Quota）水産物輸入割当制度の廃止

輸入割当制度は、初期の目的である日本漁業を保護する目的から大きく乖離し、輸入割当枠の保持が既得権益として枠保有者のビジネスとなっている。また、国内漁獲量の増加が進まず、輸入価格やコストの不必要な増大につながり、国民への消費物資の提供の阻害要因であることなどから、これを廃止するべきである。

外国為替及び外国貿易法（昭和24年法律第228号）に基づく輸入割当制度は輸入貿易管理令（昭和24年政令第414号）第9条に基づき品目ごとに我が国に輸入できる数量（または金額）の上限を定め、この限度内において、個々の輸入業者に割り当てを行う制度である。しかしながら、この制度の発足当時に比較して我が国の漁業は衰退し、国内に水産物を十分に供給できない状況であり、輸入があっても国内の水産物価格に影響を及ぼすレベルではなくなっている。また、海外の水産物が、国内の水産物価格より高価格であり、国内価格の下落要因とはならない。むしろ原料の不足が水産加工業と国内の消費に悪影響を及ぼす状況である。したがって、輸入割当制度が創設された状況とはまったく現在の事情が異なり、その必要性がなくなったと判断される。また、輸入割当があるために、輸入しようとする業者は枠の手当てをしなければ輸入できない。そこで輸入割当が利権化して、それが輸入業者の負担になり、また枠の所有者はそれを保持するだけで所得・収入が得られる問題が生じている。

第３節　我が国の漁業・水産業のあるべき姿

(1) 日本の漁業・水産業の現状と問題

現在の我が国の漁業・水産業の現状は危機的状況で、戦後直後の復興期を除いて主要水産指標が歴史的な最低レベルにある。漁業（漁獲・養殖）生産量は431万トン（2017年）で、第２次世界大戦後マッカーサーラインを撤廃した直後の454万トン（1955年）を下回る。漁業者の数も戦後100万人を超えていたのが15万人（2017年）、34歳以下の若年労働者は12％で65歳以上の高齢者が38％を占める。遠洋漁業は海外まき網漁業と遠洋マグロはえ縄漁業を除くと、主だったものもなく、200カイリ内漁業も大中型まき網漁業と沖合底びき網漁業がわずかに残るのみで、経営が収益を上げているのは沿岸の海面養殖業の一部と北部太平洋と海外まき網漁業を中心とするわずかな漁業となった。

沿岸漁船漁業は漁労所得が長く低迷しており、赤字が慢性的で沿岸資源の悪化と燃油などコストの高騰で廃業するものが相次いでいる。彼らは高齢化と後継者不足を理由に撤退するか、若者が後継者として存在する漁家では、瀬戸内海、三陸、北海道であれ、養殖業への漁業種類の転換を図って、漁業の経営を存続させている。しかし、日本海側地方、特に山陰地方は、伝統的小規模養殖業の適地も少なく、漁業の後継者もほとんどいないのが実情である。北海道は我が国最大の漁業産地であるが、2016、17年と2年連続で100万トンを割る漁業生産量であった。2018年はいく分持ち直して102万トンであったが、金額は2,732億円と2017年以下となった。2018年は、ほぼホタテガイ以外は回復が見られず、低い水準を脱していない。

養殖業は、狭隘な沿岸域で営まれている。養殖業が未発達の状態で世界的に企業化される前は、我が国の養殖業も沿岸漁業のホープとして収益を上げて、水産業と地域社会の発展と水産物の供給に一定の役割を果たした。しかし、現在においては高齢化、海洋環境の劣化と海外からの競合する輸入水産物に押されて、次第に縮小している。そして、このような問題に対応することができない制度、経営と技術並びに海洋生態系の悪化の問題を抱えている。

我が国においては、水産業と水産政策･予算は包括的、総合的なオール水産の大局的な政策と予算になっていない。太宗部分が沿岸域の小規模な漁船漁業・養殖業の対策と予算である。沖合漁業と遠洋漁業の対策をわずかに講じてはいるが、水産加工業、流通業と消費者・小売及び国民一般の教育などの対策はほとんど講じられていない。

我が国の水産物自給率（2017年）は55%（食用、海藻類を除く魚介類）であり、一人一年当たりの水産物消費量（2017年）は24.4キロ（純食料、魚介類）まで低下した。我が国には包括的、総合的な輸入と輸出並びに消費の対策が見られない。水産物輸出目標として3,500億円（2019年時点）との数字があるのみで、水産物の消費や日本市場の調査・分析も日本政府が実施しているものはない。逆に外国政府であるノルウェーが日本のマーケット調査を行って、消費の動向を把握している。

このようにみると、我が国には、水産業の全体像の把握と大局的な水産政策が欠けており、この分野への国民･消費者の関心も低く、「沿岸漁業政策」しか存在しないと言っても過言ではない。そして、沿岸漁業対策予算を漁業者のグループへの配分と漁業協同組合を通じて組合員に配分する予算が主体である。加えて、戦後のインフラ整備の名残で漁港の付近に建設される施設などの漁港予算が引き続き多くを占める。水産業と水産政策、水産庁、水産研究・教育機構の「水産」なる名称とはかけ離れた水産政策が行われている。

これらの認識のもとに第1章の提言の内容を実行したとして、10年後の漁業・水産業のあるべき姿を示してみたい（参考資料5「漁業・水産業のあるべき姿」を参照）。

(2) 日本の漁業・水産業のあるべき姿

①漁業法体系が現在とは根本的に異なる内容の以下の柱を持つ新漁業法、新水産基本法、新養殖業法、スポーツ・フィッシング法を立法化し、定着させる（参考資料7「第2次水産業改革委員会最終報告（提言）における「あるべき姿」の実現工程表」（P126）を参照）。

②「海洋と水産資源は国民共有の財産である」旨を新漁業法と新水産基本法に明記し、それを具体的に実現する条項を新漁業法と新水産基本法に設け、実行に移す（参考資料7「第2次水産業改革委員会最終報告（提言）における「あるべき姿」の実現工程表」を参照）。

③科学的根拠に基づく水産資源の管理として、魚種・系統群ごとに漁業管理計画を作成する。そこでは、目標達成までの年限と資源量と漁獲量、レファレンス・ポイント（基準）である禁漁水準（Blimit）他を明記する。太平洋、オホーツク海、日本海、東シナ海での6海区における魚種別・系統群別のABCとTACは、2年以内に100魚種・系統群、5年以内には400魚種・系統群とする。この立法化は必要ないが、法に明記することが好ましい。

④漁船漁業は10年間で25魚種程度に、また養殖業の全てに

ITQ 方式を導入する。これにより、漁船漁業及び養殖業のITQ を通じた構造の再編が進行し、経営体数は減少しても経営体の体質は改善・強化されることになる。

⑤養殖業は事業の許可制度、漁場のリース制度（漁場リース料徴収）を３年以内に導入し、既存経営体の活性化とともに新規参入を促進し、５年後には許可・リース制度を定着させる。養殖業への新規参入は、既存養殖場では、５年後に 10% を新規経営体（生産量ベース）とし、10 年後には 30%（生産量ベース）を目指す。養殖業の許可及び漁場のリース期間は、最長 50 年（更新なし）とするが、地域実態に応じたオプションを用意する。５年ごとに第三者外部機関が許可の事業内容を総レビューし、許可条件を満たさない場合には改善勧告を行い、これに従わない場合は許可を没収する。許可条件として、毎年の経営報告書の提出を義務づける。

⑥我が国の 200 カイリ内の漁業生産量を推計し、これを目標値として、国民、水産業界に示す。あるべき姿としての制度・システムが整った場合に 10 年後の 200 カイリの MSY や HCR を、例えば以下の方法から求める。

a 海域の基礎生産量から、上位魚種の資源量を求めて、漁獲量を推定する。

b 魚種別・系統群別の資源回復の管理目標を設定し、５年後と 10 年後の MSY（または MSY に到達する途中値）を推定する。

c 過去の 200 カイリ内の漁獲量と、現在の操業海域と漁船数（漁獲努力量）から推定する。

なお、これらに海洋生態系の変動を加味する。

養殖業については①～③と、新漁場と新規参入を考慮して推計する。

⑦これらが推計できると、加工向け、冷蔵向け、生鮮向けの仕

向け別の数量を推定し、水産加工生産量と水産物流通量を推定する。これらを、政府ないし「海洋水産政策経済研究所」（仮称）（今後の政策と経済、海域の利用と管理などを研究する。政府に代わり政策の基本を検討し、経済経営分析評価を行う研究機関として３年以内に設立する。所轄は内閣官房か内閣府とする。）が提示する。

⑧日本の漁業法制度は科学的根拠が柱で、国連海洋法条約の精神と主旨を内包した法体系とする。また、水産政策にSDGsの内容、特にSDG15（陸の豊かさも守ろう）を十分に注視して適切な対応を求めつつ、SDG14（海の豊かさを守ろう）を中心とした海洋生態系を回復する取り組みを樹立する。本研究を１年以内に開始し、問題点の把握と問題を解決するために必要な仮説の設定に関して３年以内に結果を出す。

資源の保護と持続的利活用を推進する国際認証制度を採り入れ、これを３年以内に普及させるとともに、消費者と生産者の双方に、適切な認証制を通じて水産資源の持続的管理の重要性を徹底する。

⑨水産物に係る資源利用税（リソース・レント）については、水産資源調査や消費者の啓発・教育に充てる仕組みを推進する。

⑩ITQの導入で、漁業の過剰投資・コストが削減され収入も増加、養殖業も海域の能力にあった事業で経営収益が上がり、黒字体質になる。新規参入者も計画的生産が可能となり、沿岸漁業と養殖業でも利益が上がり、所得税または法人税を納付するようになる。経営の損失補填の補助金は消滅し、グループや漁業団体（漁協）に対する補助金も必要なくなる。漁船リース事業ともうかる漁業事業の漁船の建造補助金、漁港建設補助金も消滅ないし、大幅に削減する。

⑪政府予算配分は、資源の持続的管理とイノベーションと経営

の合理化や拡充のために使われるようにする（5年以内）。また、ハード対策で削減された予算配分は、水産資源の持続性を維持するための科学調査、漁獲データの収集、消費者の啓発・普及、加工業の振興と流通対策に配分し充実させる。

以上の概要は、参考資料７の「第２次水産業改革委員会最終報告（提言）における「あるべき姿」の実現工程表」（P126）を参照。

(3) あるべき姿での漁業・水産業の経済指標

漁業・養殖業生産量は、5年後には431万トンの1.2倍の510万トン（うち養殖業は120万トン）、10年後には1.5倍の650万トン（うち養殖業は150万トン）を目標とする。

漁業・養殖業生産金額は、5年後には1.6兆円の30％アップの約2兆円（うち養殖業は6,500億円）、10年後には2倍の3兆円（うち養殖業は1兆円）を目指す。

水産加工品の生産量は、2017年では293万トンで3.4兆円であるが、これらも漁業・養殖業生産量と同様に、生産量の増大と、生産金額の増大を目指す。

卸売市場の取扱量は、国内の漁業・養殖業生産の増大と品質の向上、その効果による輸入水産物の低下などにより、5年後には現在の1.2倍に増加し、10年後には1.5倍を目指す。例えば、東京都中央卸売市場豊洲市場では39.1万トン（2017年）の取扱量であるが、それを5年後には約48万トン、10年後には60万トンを目指すこととなる。これらの達成は、我が国の水産資源管理と養殖業の制度と生産システムの近代化が図られ、流通業者による積極的な水産資源管理の推進活動が前提となる。

（注）生産量等の経済指標は2017年ベース
以上の詳細は、次頁の参考資料１「提言の実行達成度とスケジュール」を参照。

資　料

資料１　提言の実行達成度とスケジュール

	5年以内	10年以内
1. 国民共有財産		
	新漁業法と新水産基本法の前文と第1条（目的）に明記。	資源利用税（Resource Rent）を徴収するが、地域性や漁業と養殖業の業種の違いなどに配慮。
2. 科学的根拠に基づく資源評価		
MSY他により200カイリ内漁獲量を推定	10漁業程度で漁業管理計画の樹立。 魚種・系統群ごとの管理目標及び禁漁水準の決定。 基礎生産力による魚種別推計、漁獲量・漁船数での推定。 悪化した資源の早期の回復（クロマグロ、スケトウダラ日本海北部系群など）。	全ての漁業（大臣許可漁業と知事許可漁業）で漁業管理計画を樹立。 悪化状態の資源の撲滅。 適切な操業漁船数や最適漁業生産量の算出。
(1) 研究・調査機関の独立 外国人科学者等を加えたピア・レビューの導入 地域水産科学研究センター(仮称)の設立	水産庁からの予算と人事の独立（50%）。 水産庁以外の省庁への水産研究・教育機構の予算の移し替え（e.g. 環境省へ）。 外国人のピア・レビューの参加をTAC魚種で明記。	100%の独立外国人科学者の水産研究・教育機構での採用。水産庁から派遣されている人材は戻すか、機構内に定着・採用。
(2) 資源評価の方法の確立	HCR及びMSYなどの方法の確立。 管理目標の設定とその固定化。 禁漁水準（Blimit）の設定。	改良と改善に努める。 資源目標の設定レビューと回復状況の評価。 未回復種には厳しい目標の再設定。
(3) ABC対象魚種	100魚種・系統群（2年以内）。 400魚種・系統群（5年以内）。	毎年のレビューは約200魚種・系統群。 都道府県との協定で、沿岸性魚種について地域ごとにABC（アワビ、サザエ、エビ類）を設定。
(4) 漁獲データの提出義務(特に沿岸漁業)	省令と漁業調整規則で実施も可能だが、新漁業法で明記して義務化。	新漁業法で義務付け、更にペナルティーも。
3. 漁業権の廃止と許可制度の導入		
	1～2年中に実態調査他を行って、漁業法、省令、県の漁業調整規則の一部改正で段階的に実施（定置漁業権と区画〔組合管理型〕漁業権を都道府県から経営者への許可へ）。 5年後から更に新漁業法で全面的に漁業権を廃止して許可制度（都道府県からの許可）に移行。 許可の期間は最長50年（更新なし）とし、5年ごとのレビューを実施。 地域の実態に応じたオプションを設ける。 養殖業の許可と海面の占有リースを発給。 毎年、経営状況の調査を実施。 新養殖業法を設定し、新養殖業管理戦略を作成。 持続的養殖管理法は廃止。	養殖業への許可の期間は最長50年(更新なし)とするが、5年ごとに総チェックを行い、許可の条件を満たさない者から許可を没収。 地域の実態に応じたオプションを設ける。 毎年の経営状況の調査は実施。
(1) 新規参入	新規参入率10%（生産量ベース）。	新規参入率30%（同左）。
(2) 既得権者の優遇	最初の5年間は許可基準に合致した養殖業者は優遇し、許可を与える。	許可基準を明確にして、条件を透明化。
(3) 経済指標の提出	経済経営データの提出。	7年後から経済経営データの提出を義務付け。
4.TAC/ITQ導入と自立経営		
	TAC対象魚種は、大中型まき網、かご漁業などのTAC対象漁業（9魚種）及び養殖業の全てにITQを導入。 アワビやサザエ、エビ類など沿岸性定着種のITQ導入を図る。 ITQと地域・第2世代他への配慮（地域への配慮は別途の措置による検討もある）。	25魚種程度にITQを導入。 沿岸魚種のABCとTAC並びにITQの設定が進むにつれて、漁業権漁業は完全に廃止。
経営データの収集	全TAC対象漁業から経営データの提出の義務付け。	25魚種に関する漁業からの7年後から経営データの提出を義務付け。

	5年以内	10年以内
5. 国際関係		
	SDG14（海の豊かさを守ろう：海洋生態系の保全）への対応。2020年までに達成を要請されている。 直ちに海洋生態系の研究体制を検討し、研究と調査を開始する。	海洋及び海洋資源の保全及び持続可能な利用のための法的枠組みを規定する国連海洋法条約（UNCLOS）に反映されている国際法を実施する事により、海洋及び海洋資源の保全及び持続可能な利用を強化。 加えてSDG15（陸の豊かさも守ろう：陸上生態系の保全）とSDG6（安全な水とトイレを世界中に：水資源の管理）の対応。
6. 海洋水産政策経済研究所（仮称）の設立		
	当面は既存機関の活用と連携を図る。 まずは、経済研究部門を設立する。	政策研究と海洋生態系と地球温暖化に関する政策研究にも着手する。
7. 予算		
(1) ハードからソフトへ	漁港整備、コンクリートを活用した藻場・干潟整備や保管施設整備ならびに漁船リース事業など、ハード予算の50%を転換。	ハード予算の75%を転換。
(2) 現状回復予算からイノベーション予算へ	現状回復型のグループを通じた現予算の50%を個人でも受給可能で、新たにチャレンジする事業を実施する者への転換。	現予算の75%を転換。
(3) 団体（漁協等）補助金の段階的廃止	現予算の50%をイノベーションへ転換。	現予算の75%をイノベーションへ転換。
8. 法律		
・新水産基本法 ・新漁業法 ・新養殖業法 ・スポーツ・フィッシング法（新遊漁法）	新養殖業法を制定：海洋の持続利用、海洋生態系保全、安全安心の薬品使用、海洋の汚染の禁止などを盛り込む（持続的養殖生産確保法を廃止）。 伝統的に漁業協同組合中心に補助金の交付が行われて来たことの転換。 新漁業法に「国民共有の財産」と「水産資源管理」の厳格かつ迅速な導入と実施を盛り込む。	「海洋と水産資源は国民共有の財産」を基本理念とする新水産基本法、新漁業法、スポーツ・フィッシング法（新遊漁法）を制定・施行（水産資源保護法、海洋水産資源開発促進法を廃止）。
9. 将来の包括的水産業の姿：（　）は2017年データ		
(1) 漁業・養殖業生産量 漁業・養殖業生産額	(431万トン) 510万トン（20%増） (1.6兆円) 2兆円	650万トン（50%増） 3兆円
(2) 養殖業（海面）	(99万トン) 120万トン（20%増）	150万トン（50%増）
(3) 水産加工業	(293万トン) 20%増	50%増
(4) 流通業 東京都中央卸売市場豊洲市場取扱量	(39.1万トン) 48万トン	60万トン
(5) 水産物の国内消費量1人1年あたり（純食料）	(24.4kg) 30kg	40kg
10. 水産貿易		
輸入	(238万トン：2018年) 数量は減少、今後も減少すると見込まれる。 金額は20～30% up可能か。 現在は10%増／年（1.79兆円：2018年）。	200万トンを維持できるか？ 金額50%up。
輸出	(3,031億円：2018年) 3,500億円（2019年目標）	7,000億円
11. 沿岸漁船漁家の漁労所得		
	(219万円：2017年) 350万円	500万円

資　料

資料２

新たな資源調査・評価機関及び漁獲管理体制の模式図

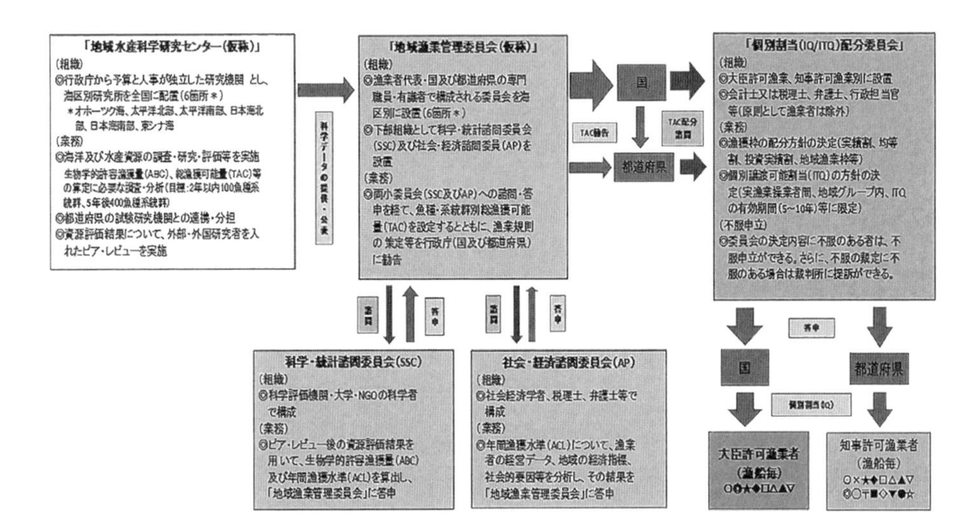

資料３

養殖業の許可及び海面（漁場）リース許可の模式図

「第三者外部機関」

（組織）
◎国及び各都道府県に設置
◎海運専門家、海洋・陸域管理専門家、環境・生態系専門家、観光専門家、会計士、弁護士等で構成
（業務）
◎養殖業の許可条件（経営能力、環境への配慮、外資規制等法令の順守、地域条件）及び許可内容（漁場の貸与期間；最長50年（更新なし）、漁場ごとの行使面積及び魚種別養殖量等）、地域オプションの妥当性を審査
（設置理由）
◎海面は、漁業・養殖業のみならず海運ほか多方面の産業によって利用されており、風力・潮力発電など更なる利活用の可能性がある。また、地球温暖化や沿岸域の開発が海洋や養殖場に影響を及ぼすことが予見されるため、養殖業の許可及び漁場のリース許可を与えるに際して、専門家と中立的立場から構成される「第三者外部機関」を設置し、公平・公正かつ適切に対応する必要がある。

諮問　答申

農林水産省（水産庁）

◎都道府県の指導監督
◎都道府県をまたがる海域の養殖許可

申請　許可

養殖業者（法人、個人）

◎都道府県をまたがる海域で養殖業を営む者

指導・監督　報告

諮問　答申

都道府県

◎都道府県海域の養殖許可

申請　許可

養殖業者（法人、個人）

◎都道府県海域で養殖業を営む者

資料４

「漁業権漁業」を「許可漁業」へ移行させる実現工程表

【制度改正の主な内容】

Ⅰ.『漁業法』及び『都道府県漁業調整規則』の改正

①漁業権及び入漁権の廃止
第60条～第108条の廃止

②「区画漁業」「共同漁業」及び「定置漁業」の許可条項の制定

※『都道府県漁業調整規則』の改正（漁業権行使規則及び入漁権行使規則の内容を許可の制限又は条件に反映）

Ⅱ.『水産業協同組合法』の改正

①資源管理規程の廃止（第11条の2の削除）

②総会の議決事項の改正（第48条第1項第8～10号の削除）

③特別決議事項の改正（第50条第1項第4号・5号の削除）

④総会の部会の廃止（第51条の2の廃止）

「実態調査・切替準備」（2019～2022年度）

Ⅰ．実態調査及び地元調整

漁業権漁業を許可漁業へ切り替える際に設けるべき漁業種類別の制限又は条件（漁具・漁法、漁場、操業時期等）を調査。併せて、組合管理漁業権については、「漁業権行使規則」及び「入漁権行使規則」の廃止に向けて組合内部及び組合間の調整を図る。

◎共同漁業権
（全て組合管理漁業権）

◎区画漁業権
（多くの区画漁業権が組合管理漁業権）

◎定置漁業権

「第１ステップ」
（2021～2022年度）

Ⅱ．区画漁業権及び定置漁業権を許可漁業へ移行

『漁業法』及び『都道府県漁業調整規則』の一部改正により、区画漁業権及び定置漁業権は廃止し、許可漁業へ移行。それに伴い、組合管理の区画漁業権の「漁業権行使規則」及び「入漁権行使規則」を廃止。

※『新養殖業法』を制定し、国・都道府県が「養殖業管理戦略」を策定。『持続的養殖生産確保法』は廃止。

「第２ステップ」
（2023～2024年度）

Ⅲ．共同漁業権を許可漁業へ移行

『新漁業法』の制定、『水産業協同組合法』及び『都道府県漁業調整規則』の一部改正により、共同漁業権を廃止し、全て許可漁業へ移行。それに伴い、共同漁業権の「漁業権行使規則」及び「入漁権行使規則」を廃止。

※『水産資源保護法』及び『海洋水産資源開発促進法』は廃止。

資料５

資料6　漁業・資源管理に係る改正漁業法と改革案（提言）の比較

①水産資源の所有権と管理責任	◎改正法では、「漁業が国民に対して水産物を供給する使命を有し」（第1条）とし、また、「国及び都道府県は、漁業生産力を発展させるため、水産資源の保存及び管理を適切に行う責務を有する」（第6条）と規定しているが、海洋と水産資源の所有権についての規定はなく、下記の基本的スタンスに変更はない。 ※天然の水産資源は、一般に「無主物（所有者の無い動産）」であり、所有の意思をもって占有することによって、所有権を取得（「無主物先占」：民法第239条第1項） ◎漁業権は「物権」とみなす（第77条）。	◎「海洋と水産資源は国民共有の財産」と法律に明示すべき。 ※水産資源の帰属を「無主物先占」（民法第239条第1項）から、「天然果実」（民法第88条・第89条）の法理へと転換。 ◎海洋と水産資源の利活用・保存管理の権原は国（国民）に帰属し、国はその持続性を担保する責務を負う。 ◎海洋と水産資源を利活用する者（個人、法人の別を問わない）の「許可要件」には、その持続的な利活用・保存管理の義務はもとより、持続可能な自立的漁業経営を必須とする。→利用者の利益の中から資源利用税（リソース・レント）を徴収。
②資源管理方式	◎資源評価に基づき、漁獲可能量（TAC）による管理を行うことを基本としつつ、必要な場合には、漁業時期又は漁具の制限その他の手法による管理を合わせて行う（第8条）。 ◎資源管理の目標は、最大持続生産量（MSY）を実現するための「目標管理基準値」と、資源水準がその値を下回った場合に、そこまで回復させるための「限界管理基準値」を定める。これらができないときは、資源水準を推定した上で、資源を維持・回復させるべき目標値を定める（第12条）。 【改正前】 テクニカル・コントロール（技術的規制）とインプット・コントロール（投入量規制）を主体に、適宜、アウトプット・コントロール（産出量規制：TAC）を導入。	◎「改正法」では、本委員会の従来からの主張をほぼ取り入れている。なお、最大持続生産量（MSY）を求め難い場合には、有効と考えられる資源指標に基づき明確な漁獲戦略を定めて実行に移す「漁獲コントロール・ルール（HCR）」方式を選択する。 ◎漁獲量と資源量の適正目標水準（Ftarget と Btarget）及び漁獲量と資源量の限界値（Flimit と Blimit）を魚種・系統群ごとに定め、これらを「漁業管理計画」に盛り込む。また、Blimit の資源水準以下の場合は、一切漁業を行わないことを明記する。 【本委員会の主張】 アウトプット・コントロール（MSY 等に基づく産出量規制：TAC）を主体に、適宜、テクニカル・コントロール（技術的規制）を活用。
資源評価・管理対象魚種	◎現在の評価対象魚種（50魚種・84系群）。うち、ABC 算定（41魚種、73系群） →5年先目標：約200魚種・系群 ◎現在の TAC 管理対象種（8魚種：サンマ、スケトウダラ、マアジ、マイワシ、サバ類（マサバ、ゴマサバ）、スルメイカ、ズワイガニ、クロマグロ） →早期実現目標：漁獲量ベースの8割（約20魚種・系群）	◎ ABC 評価及び TAC 管理対象魚種 2年以内目標：100魚種・系群 5年以内目標：400魚種・系群
資源調査・評価実施機関	◎国：農林水産大臣は、（国研）水産研究・教育機構に調査・評価の業務を行わせることができる（第9条）。予算及び人事は国（水産庁）が所管。 ◎都道府県：知事は求めに応じて調査に協力する（第10条）。近年、農林・商工との連携による「総合研究機関」化が進行し、水産部門は縮小傾向（調査船による海洋・資源調査の予算不足）。 ◎海洋・水産資源調査において、国と都道府県の役割分担について明確な規定はない。	◎新たに、「地域水産科学研究センター」（仮称）を設立。 ※海区別研究所を全国に6箇所配置 ※科学者の増員と人材育成 ※外部・外国研究者を入れたピア・レビュー（第三者外部評価）の実施 ※水産庁から予算と人事の独立 5年以内：　50% 独立 10年以内：100% 独立 ◎都道府県水試との連携・分担の明確化（3海里内外、地先資源・広域資源別）と財源確保
③漁業管理方式	◎共同管理（Co-management：公的規制と自主的管理の組合せ）方式を維持。 ※公的規制：許可制度、漁業権行使規則、TAC 制度、TAE 制度 ※自主的管理：資源管理規程（水協法第11条の2）、資源管理協定（海洋水産資源開発促進法第13条）、資源管理計画（水産庁長官通知22水管第2354号）、その他の自主的ルール ◎個別割当（IQ）方式を基本とするが、適当でない場合には漁獲努力可能量（TAE）方式を併用（第8条）。 ※ IQ の移転は、国等の認可の下で漁船の譲渡等と併せた場合や割当を受けた漁業者間で年度内に限る（第21条、第22条）。 ◎大臣許可漁業の公示等において、一定の基準を満たす場合（主として IQ 対象魚を漁獲し、混獲割合が基準以下）は、船舶の数及び総トン数その他の規模に関する制限措置を定めない（第43条）。 ◎許可を受けた者は、漁業生産の実績その他省令等に定める事項を農林水産大臣又は知事に報告しなければならない（第52条、第58条）。	◎公的管理（許可制度及び TAC 制度）のみとすべき。 ※自主的管理は全て廃止 ※従来の「漁業権行使規則」に基づく規制内容は、科学的裏付けのあるものに限り許可の「制限又は条件」の中に規定。 ※取締・監督体制の強化（VMS 設置、科学オブザーバーの配置等）。 ◎個別譲渡可能割当（ITQ）方式を本格的に導入すべき。 5年以内：TAC 対象9魚種に導入 10　年　後：25魚種程度まで拡大 ※個別割当（IQ）は、過渡的手法として活用。 ◎ TAC に基づき IQ/ITQ を導入した漁業については、トン数、魚倉容積など漁船の大型化を阻害する規制を全て撤廃する。 ◎全ての漁業に漁獲実績（生産実績）の迅速な報告を義務化し、漁獲割当や養殖海面の行使実態などの漁場利用度を情報公開（見える化）する。

漁業制度	◎漁業権漁業（共同漁業権、区画漁業権、定置漁業権）、許可漁業（大臣許可漁業、知事許可漁業〈法定知事許可漁業、一般知事許可漁業〉）及び自由漁業。 ◎組合管理漁業権（共同漁業権及び区画漁業権）は、組合が定める「漁業権行使規則」又は「入漁権行使規則」に基づき、組合員が漁業を営む権利を有する（第105条）。 ◎漁業権の免許をすべき者の決定は、漁場を適切かつ有効に活用していると認められる場合、既存の漁業権者に免許。それ以外は、地域の水産業の発展に最も寄与すると認められる者とする（第73条）。 ◎「海区漁場計画」の策定に当たって、都道府県知事は、海面全体を最大限に活用するため、漁業権が存しない海面をその漁場の区域とする新たな漁業権を設定するよう努めるものとする（第63条）。 ◎都道府県は、「海区漁場計画」に基づき、沿岸漁場管理団体（漁協等）を指定し、沿岸漁場の保全活動を実施させることができる（第109条）。沿岸漁場管理団体は、沿岸漁場管理規程を定め、保全活動に要する費用の一部の負担について受益者に協力を求めることができる（第111条）。 ◎「海区漁業調整委員会」は、漁業者代表を中心（過半数）とする行政委員会の性質を維持（※）。また、漁業者委員の公選制を知事が議会の同意を得て任命する仕組みに改正（第138条）。 ※改正前：15人中9人	◎許可漁業（大臣許可漁業、知事許可漁業）に一本化。 ※漁業権漁業及び自由漁業は廃止（5年以内） ◎漁業権漁業の廃止に伴い、組合自身による漁業及び漁場の管理制度（「漁業権行使規則」及び「入漁権行使規則」）を廃止する。 ◎養殖業の「許可条件」としては、 ①持続的な経営力 ②環境・生態系に対する適性 ③許可条件の遵守を規定。また、許可期間を最長50年（更新なし）とし、5年ごとに「第三者外部機関」で許可条件を厳格にチェック。地域の実情に応じてオプションを設定。併せて、養殖海域に漁場リース許可（同期間）を付与。 なお、最初の5年間に限り、既存漁業者が希望する場合には、①～③の条件にかかわらず許可。また、新規参入を促進（5年間で10%、10年間で30%（生産量ベース）の参入を見込む）。 ◎科学的管理能力が備わっていない漁協等に沿岸漁場の保全活動を委託するのは疑問。この制度の導入によって漁場管理の名目で企業や新規参入者から合法的に不適当な管理料の負担を求めることができるようになり、漁協による漁場介入の強化を懸念。 ◎既存の「海区漁業調整委員会」等は、漁業者・漁業関係団体・漁業関係大学等に偏った委員構成になっており、公平性、中立性及び独立性が担保されていない。広く利害関係者（ステークホルダー）に開かれた、独立性のある委員会等を新たに設置すべき。
総漁獲可能量及び個別漁獲（生産）割当	◎改正漁業法により、海洋生物資源の保存及び管理に関する法律（TAC法）を廃止。 【漁獲可能量の設定】 ◎農林水産大臣は、「水産政策審議会」（水産基本法第35条）への諮問・答申を踏まえ「資源管理基本方針」を定め、特定水産資源ごと、管理年度ごとに大臣管理漁業と知事管理漁業への漁獲可能量等を決定（第11条、第15条）。 ※「広域漁業調整委員会」（漁業法第153条）は、国の常設機関として、都道府県の区域を越えた広域的な海域を管轄する組織として設置。 ・広域漁業調整委員会（3海区） ◎都道府県知事は、「関係海区漁業調整委員会」の意見を聴取の上、知事管理漁業の配分枠について、「都道府県資源管理方針」を定め、知事管理漁獲可能量を決定（第14条、第16条）。 【漁獲割当割合・年次漁獲割当量の設定】 ◎農林水産大臣又は都道府県知事は、船舶等ごとに漁獲割当割合を設定し（第17条）、漁獲割当割合設定者に対して年次漁獲割当量を設定する（第19条）。	【漁獲可能量の設定】 全国に6箇所の「地域漁業管理委員会」（仮称）を設置。当委員会は、別に設置する2つの諮問委員会（下記）の答申を踏まえ、海区ごとのTAC設定や漁業操業規則（省令・条例・規則等）の制定を国又は都道府県に勧告する。 ・「科学・統計諮問委員会（SSC）」（仮称）では、「地域水産科学研究センター」（仮称）が行ったピア・レビューを踏まえ、生物学的許容漁獲量（ABC）及び年間漁獲水準（ACL）を算出し、答申。 ・「社会経済諮問委員会（AP）」（仮称）では、ACLによる社会経済への影響を分析し、その結果を答申。 【IQ/ITQの配分】 行政庁から独立した「IQ/ITQ配分委員会」（仮称）を設置。 ・漁獲枠の配分方針の決定（実績割、均等割、投資実績割、地域漁業枠）。 ・個別譲渡可能割当（ITQ）の方針の決定（実漁業者間・地域グループ内に限定、有効期間の設定等）。 【養殖業の許可】 「第三者外部機関を設置 ・ライセンス（許可）の内容、海面のリース期間、リース料等を審査。

資料７

第2次水産業改革委員会最終報告（提言）における「あるべき姿」の実現工程表

【提言】

提言1：国連海洋法条約の精神と主旨を踏まえ、「海洋と水産資源は国民共有の財産である」ことを新たな漁業・水産業の制度・システム（漁業関連法制度）の基本理念として明示すること

提言2：海洋と水産資源の持続的利活用の基本原則は、資源評価による科学的根拠に基づき行われるべきことを明確にし、その典型事案としてクロマグロやスケトウダラなど悪化している資源の回復に具体的かつ可及的速やかに取り組むこと

提言3：非公的機関である漁業協同組合が国民共有の財産である水産資源を管理することを許容する漁業権を廃止し、すべての漁業・養殖業に国際的な規範と実例に則した許可制度を導入すること

提言4：資源回復や経営強化に有効な個別譲渡可能割当（ITQ）方式を導入することにより、過剰漁獲能力の早急な削減を図るとともに、収益を向上させ、漁業経営を持続可能な自立できる経営体質とし、補助金からの脱却を図ること

提言5：国連の持続可能な開発目標（SDGs）の実行など国際社会の合意や理念を反映した国内政策を講ずるとともに、国際漁業条約の枠組みを尊重した外交を展開すること　また、水産資源及び環境の保全と持続的利活用に関する消費者マインドの確立政策を講ずるとともに、その一環として必要な消費者教育と啓発、資源管理を基本とする適切な国際認証制度を導入すること

提言6：戦後一貫して続く沿岸漁業対策とハード・施設整備中心の水産予算配分から、資源管理、科学調査研究、加工・流通、消費者への教育・啓発活動に対する支援など現代のニーズに則した予算配分に大胆に転換するとともに、この関係の予算を飛躍的に拡充すること

提言7：旧明治漁業法の残滓（し）を引きずる現行漁業法制度を廃止し、「海洋と水産資源は国民共有の財産である」との基本理念のもと、新漁業法、新水産基本法、新養殖業法及びスポーツ・フィッシング法（新遊漁法）などを可及的速やかに制定するとともに、水産政策確立のための包括的・総合的な体制の整備を含め、新たな制度・システムを構築すること

【現在の水産基本指標】

- ・漁業生産（2017年）：328万トン、9,826億円
- ・養殖業生産（2017年）：102万トン、6,248億円
- ・水産加工品生産：（2017年）：293万トン
- ・市場取扱量（豊洲市場）（2017年）：39.1万トン
- ・食用魚介類消費量（2017年）：24.4kg／人／年（純食料）
- ・沿岸漁船漁家漁労所得（2017年）：219万円

「あるべき姿」の基盤づくり　（2019～2022年度）

1. 水産関係法制度・システムの抜本的見直し

「海洋と水産資源は国民共有の財産」を基本理念とする『新水産基本法』、『新漁業法』、『新養殖業法』等の制定に向け、現行法制度・システムの抜本的見直しを行う

2. オープンな場での法整備・制度設計の実行

1) 水産資源の調査・評価を行う「地域水産科学研究センター（仮称）」の設立

水産庁から予算と人事の独立（5年以内に50%独立）、海区別研究所の設置（6海区）、生物学的許容漁獲量（ABC）算定及び総漁獲可能量（TAC）設定対象種の拡大（2年以内100魚種系統群）、外部・外国研究者を入れたピア・レビューの導入、国と都道府県の試験研究機関における連携・分担の明確化（距岸3海里内外、資源の分布・移動範囲で区分）

2) 水産資源の科学的管理に必要な「地域漁業管理委員会（仮称）」等の設置

総漁獲可能量（TAC）の設定と個別割当（IQ／ITQ）を適切に行うため、海区毎に漁業者代表・行政機関の専門職員・有識者で構成される「地域漁業管理委員会（仮称）」等を設置。個別譲渡可能割当（ITQ）はTAC設定9魚種（マサバとゴマサバを分離）に導入（5年以内）

3) 漁業権制度の段階的廃止と許可制度への移行

漁協が漁業管理等を行う漁業権制度を段階的に廃止し、「区画漁業権」及び「定置漁業権」を3年以内に許可漁業へ移行（組合管理「区画漁業権」の漁業権行使規則等を廃止）

4) 養殖業の許可、海面（漁場）のリースを審査する「第三者外部機関」の設置

養殖業の許可と海面（漁場）のリースを適正に実施するための審査を行う「第三者外部機関」を設置。許可・リース期間は最長50年（更新なし）とし、許可条件の履行を5年ごとに厳格に審査。許可条件については、地域の実情に応じたオプションを設ける。

5) 養殖業の総合的な振興

『新養殖業法』を制定・施行。国・都道府県が「養殖業管理戦略」を策定し、海域と養殖場の保全措置、防疫体制の確立、知的財産の保護、技術開発の促進等を総合的に推進

6) 適切な水産情報を提供する「国際認証制度」と「トレーサビリティ」の整備

科学的管理に基づく安全・安心な水産物の供給によって流通・加工・消費・輸出を促進するための「国際認証制度」と「トレーサビリティ」の整備を推進

7) 海洋・水産政策を研究・提言する「海洋水産政策経済研究所（仮称）」の設立

今後の海洋・水産政策と社会経済、海域の利活用と管理などを調査・研究し、政府に提言

3. 水産関係予算の再編（包括的な水産政策・予算へ組み替え）

漁港・漁場等ハード整備中心の現行予算を資源管理等のソフト予算へ段階的に再編（5年以内に現ハード予算の50%をソフト予算へ充当。例：科学調査、ICTによる漁獲管理、科学オブザーバー配置、流通・加工対策、消費者啓発等の予算を拡充・整備）

「あるべき姿」への移行・実現　（2023～2027年度）

『新水産基本法』、『新漁業法』、『スポーツ・フィッシング法』の施行

1) 全ての漁業を許可制度へ移行

「共同漁業権」を許可漁業へ移行させ（漁業権行使規則等の廃止）、全ての漁業を許可漁業（大臣許可漁業及び知事許可漁業）として管理。また全ての漁業に漁獲報告の提出を法律で義務付け（罰則規定の整備）

2) 『スポーツ・フィッシング法』制定による遊漁の適正化

『スポーツ・フィッシング法（新遊漁法）』に基づき遊漁に「ライセンス制」を導入し、遊漁向け総漁獲可能量（TAC）の設定により資源管理の枠組みの中で遊漁を適正化

3) 独立性・透明性が確保された資源管理制度の運用

資源調査・評価を行う「地域水産科学研究センター（仮称）」の予算と人事の行政庁からの完全独立（100%）。5年後にABC/TAC算定対象種を400魚種系統群に拡大、うち毎年約200魚種系統群のピア・レビューを実施

4) 個別譲渡可能割当（ITQ）方式の本格導入

大中型まき網漁業、かご漁業等が漁獲する約25魚種と養殖業の全てにITQを導入（経営データの提出を義務づけ、新規参入率目標30%）

5) 適切な「国際認証制度」と「トレーサビリティ」の確立

国際的認証制度（MSC・ASC等）に匹敵する水産物の「国際認証制度」と「トレーサビリティ」を国内に確立し、流通・加工・消費・輸出の促進、IUU漁業の撲滅、持続可能な開発目標（SDGs）の実現を図る

6) 「あるべき姿」に向けた水産関係予算の執行

『新水産基本法』に基づく「新水産基本計画」の下で、水産関係予算を適正化（漁協等団体補助金の原則廃止、現ハード予算の75%をソフト予算に充当、イノベーション関連予算の拡充等）

【水産業改革の達成目標（生産数量約1.5倍、生産金額約2倍）】

漁業生産（500万トン、2兆円）、養殖業生産（150万トン、1兆円）、水産加工品生産（450万トン）、　市場取扱量（豊洲市場）（60万トン）、食用魚介類消費量（純食料：40kg／人／年※2001年ピーク時同等）、沿岸漁船漁家漁労所得（500万円※現在の約2倍）

【付篇】
2018（平成 30）年
一部改正『漁業法』（抜粋）

◯漁業法（昭和二十四年十二月十五日法律第二百六十七号）
最終改正（平成三十年十二月十四日法律第九十五号）

目　次

第一章 総則（第一条—第六条）

第二章 水産資源の保存及び管理

　第一節 総則（第七条・第八条）

　第二節 資源管理基本方針等（第九条—第十四条）

　第三節 漁獲可能量による管理

　　第一款 漁獲可能量等の設定（第十五条・第十六条）

　　第二款 漁獲割当てによる漁獲量の管理（第十七条—第二十九条）

　　第三款 漁獲量等の総量の管理（第三十条—第三十四条）

　第四節 補則（第三十五条）

第三章　許可漁業〈**省略**〉

　第一節　大臣許可漁業（第三十六条—第五十六条）〈**省略**〉

　第二節　知事許可漁業（第五十七条・第五十八条）〈**省略**〉

　第三節　補則（第五十九条）〈**省略**〉

第四章 漁業権及び沿岸漁場管理

　第一節 総則（第六十条・第六十一条）

　第二節 海区漁場計画及び内水面漁場計画

　　第一款 海区漁場計画（第六十二条—第六十六条）

　　第二款 内水面漁場計画（第六十七条）

　第三節 漁業権

　　第一款 漁業の免許（第六十八条—第七十三条）

　　第二款 漁業権の性質等（第七十四条—第九十六条）

　　第三款 入漁権（第九十七条—第百四条）

　　第四款 漁業権行使規則等（第百五条—第百八条）

　第四節 沿岸漁場管理（第百九条—第百十六条）

　第五節 補則（第百十七条・第百十八条）

第五章 漁業調整に関するその他の措置（第百十九条—第百三十三条）〈**省略**〉

第一章　総則

（目的）

第一条　この法律は、漁業が国民に対して水産物を供給する使命を有し、かつ、漁業者の秩序ある生産活動がその使命の実現に不可欠であることに鑑み、水産資源の保存及び管理のための措置並びに漁業の許可及び免許に関する制度その他の漁業生産に関する基本的制度を定めることにより、水産資源の持続的な利用を確保するとともに、水面の総合的な利用を図り、もつて漁業生産力を発展させることを目的とする。

（定義）

第二条　この法律において「漁業」とは、水産動植物の採捕又は養殖の事業をいう。

2　この法律において「漁業者」とは、漁業を営む者をいい、「漁業従事者」とは、漁業者のために水産動植物の採捕又は養殖に従事する者をいう。

3　この法律において「水産資源」とは、一定の水面に生息する水産動植物のうち有用なものをいう。

（適用範囲）

第三条　公共の用に供しない水面には、別段の規定がある場合を除き、この法律の規定を適用しない。

第四条　公共の用に供しない水面であつて公共の用に供する水面と連接して一体を成すものには、この法律を適用する。

（共同申請）

第五条　この法律又はこの法律に基づく命令に規定する事項について共同して申請しようとするときは、そのうち一人を選定して代表者とし、これを行政庁に届け出なければならない。代表者を変更したときも、同様とする。

2　前項の届出がないときは、行政庁は、代表者を指定する。

3　代表者は、行政庁に対し、共同者を代表する。

4　前三項の規定は、共同して第六十条第一項に規定する漁業権又はこれを目的とする抵当権若しくは同条第七項に規定する入漁権を取得した場合に準用する。

（国及び都道府県の責務）

第六条　国及び都道府県は、漁業生産力を発展させるため、水産資源の保存及び管理を適切に行うとともに、漁場の使用に関する紛争の防止及び解決を図るために必要な措置を講ずる責務を有する。

第二章　水産資源の保存及び管理

第一節　総則

（定義）

第七条　この章において「漁獲可能量」とは、水産資源の保存及び管理（以下「資源管理」という。）のため、水産資源ごとに一年間に採捕することができる数量の最高限度として定められる数量をいう。

2　この章において「管理区分」とは、水産資源ごとに漁獲量の管理を行うため、特定の水域及び漁業の種類その他の事項によって構成される区分であって、農林水産大臣又は都道府県知事が定めるものをいう。

3　この章において「漁獲努力量」とは、水産資源を採捕するために行われる漁ろうの作業の量であって、操業日数その他の農林水産省令で定める指標によって示されるものをいう。

4　この章において「漁獲努力可能量」とは、管理区分において当該管理区分に係る漁獲可能量の数量の水産資源を採捕するために通常必要と認められる漁獲努力量をいう。

（資源管理の基本原則）

第八条　資源管理は、この章の規定により、漁獲可能量による管理を行うことを基本としつつ、稚魚の生育その他の水産資源の再生産が阻害されることを防止するために必要な場合には、次章から第五章までの規定により、漁業時期又は漁具の制限その他の漁獲可能量による管理以外の手法による管理を合わせて行うものとする。

2　漁獲可能量による管理は、管理区分ごとに漁獲可能量を配分し、それぞれの管理区分において、その漁獲可能量を超えないように、漁獲量を管理することにより行うものとする。

3　漁獲量の管理は、それぞれの管理区分において、水産資源を採捕しようとする者に対し、船舶等（船舶その他の漁業の生産活動を行う基本的な単位となる設備をいう。以下同じ。）ごとに当該管理区分に係る漁獲可能量の範囲内で水産資源の採捕をすることができる数量を割り当てること（以下この章及び第四十三条において「漁獲割当て」という。）により行うことを基本とする。

4　漁獲割当てを行う準備の整っていない管理区分における漁獲量の管理は、当該管理区分において水産資源を採捕する者による漁獲量の総量を管理することにより行うものとする。

5　前項の場合において、水産資源の特性及びその採捕の実態を勘案して漁獲量の総量の管理を行うことが適当でないと認められるときは、当該管理に代えて、当該管理区分において当該管理区分に係る漁獲努力可能量を超えないように、当該管理区分において水産資源を採捕するために漁ろうを行う者による漁獲努力量の総量の管理を行うものとする。

第二節　資源管理基本方針等

（資源調査及び資源評価）

第九条　農林水産大臣は、海洋環境に関する情報、水産資源の生息又は生育の状況に関する情報、採捕及び漁ろうの実績に関する情報その他の資源評価（水産資源の資源量の水準及びその動向に関する評価をいう。以下この章において同じ。）を行うために必要となる情報を収集するための調査（以下この条及び次条第三項において「資源調査」という。）を行うものとする。

2　農林水産大臣は、資源調査を行うに当たっては、人工衛星に搭載される観測用機器、船舶に搭載される魚群探知機その他の機器を用いて、情報を効率的に収集するよう努めるものとする。

3　農林水産大臣は、資源調査の結果に基づき、最新の科学的知見を踏まえて資源評価を実施するものとする。

4　農林水産大臣は、資源評価を行うに当たっては、全ての種類の水産資源について評価を行うよう努めるものとする。

5　農林水産大臣は、国立研究開発法人水産研究・教育機構に、資源調査又は資源評価に関する業務を行わせることができる。

（都道府県知事の要請等）

第十条　都道府県知事は、農林水産大臣に対し、資源評価が行われていない水産資源について資源評価を行うよう要請をすることができる。

2　都道府県知事は、前項の規定により要請をするときは、当該要請に係る資源評価に必要な情報を農林水産大臣に提供しなければならない。

3　都道府県知事は、前項の規定による場合のほか、農林水産大臣の求めに応じて、資源調査に協力するものとする。

（資源管理基本方針）

第十一条　農林水産大臣は、資源評価を踏まえて、資源管理に関する基本方針（以下この章及び第百二十五条第一項第一号において「資源管理基本方針」という。）を定めるものとする。

2　資源管理基本方針においては、次に掲げる事項を定めるものとする。

一　資源管理に関する基本的な事項

二　資源管理の目標

三　特定水産資源（漁獲可能量による管理を行う水産資源をいう。以下同じ。）及びその管理年度（特定水産資源の保存及び管理を行う年度をいう。以下この章において同じ。）

四　特定水産資源ごとの大臣管理区分（農林水産大臣が設定する管理区分をいう。以下この章において同じ。）

五　特定水産資源ごとの漁獲可能量の都道府県及び大臣管理区分への配分

の基準
六　大臣管理区分ごとの漁獲量（第十七条第一項に規定する漁獲割当管理区分以外の管理区分にあっては、漁獲量又は漁獲努力量。第十四条第二項第四号において同じ。）の管理の手法
七　漁獲可能量による管理以外の手法による資源管理に関する事項
八　その他資源管理に関する重要事項
3　農林水産大臣は、資源管理基本方針を定めようとするときは、水産政策審議会の意見を聴かなければならない。
4　農林水産大臣は、資源管理基本方針を定めたときは、遅滞なく、これを公表しなければならない。
5　農林水産大臣は、直近の資源評価、最新の科学的知見、漁業の動向その他の事情を勘案して、資源管理基本方針について検討を行い、必要があると認めるときは、これを変更するものとする。
6　第三項及び第四項の規定は、前項の規定による資源管理基本方針の変更について準用する。
（資源管理の目標等）
第十二条　前条第二項第二号の資源管理の目標は、資源評価が行われた水産資源について、水産資源ごとに次に掲げる資源量の水準（以下この条及び第十五条第二項において「資源水準」という。）の値を定めるものとする。
一　最大持続生産量（現在及び合理的に予測される将来の自然的条件の下で持続的に採捕することが可能な水産資源の数量の最大値をいう。次号において同じ。）を実現するために維持し、又は回復させるべき目標となる値（同号及び第十五条第二項において「目標管理基準値」という。）
二　資源水準の低下によって最大持続生産量の実現が著しく困難になることを未然に防止するため、その値を下回った場合には資源水準の値を目標管理基準値にまで回復させるための計画を定めることとする値（第十五条第二項第二号において「限界管理基準値」という。）
2　水産資源を構成する水産動植物の特性又は資源評価の精度に照らし前項各号に掲げる値を定めることができないときは、当該水産資源の漁獲量又は漁獲努力量の動向その他の情報を踏まえて資源水準を推定し

た上で、その維持し、又は回復させるべき目標となる値を定めるものとする。

3　前条第二項第三号の管理年度は、特定水産資源の特性及びその採捕の実態を勘案して定めるものとする。

4　前条第二項第五号の配分の基準は、水域の特性、漁獲の実績その他の事項を勘案して定めるものとする。

（国際的な枠組みとの関係）

第十三条　農林水産大臣は、資源管理基本方針を定めるに当たっては、水産資源の持続的な利用に関する国際機関その他の国際的な枠組み（我が国が締結した条約その他の国際約束により設けられたものに限る。以下この条及び第五十二条第二項において「国際的な枠組み」という。）において行われた資源評価を考慮しなければならない。

2　農林水産大臣は、資源管理基本方針を定めようとするときは、国際的な枠組みにおいて決定されている資源管理の目標その他の資源管理に関する事項を考慮しなければならない。

3　農林水産大臣は、国際的な枠組みにおいて資源管理の目標その他の資源管理に関する事項が新たに決定され、又は変更されたときは、資源管理基本方針に検討を加え、必要があると認めるときは、第十一条第五項の規定により資源管理基本方針を変更しなければならない。

（都道府県資源管理方針）

第十四条　都道府県知事は、資源管理基本方針に即して、当該都道府県において資源管理を行うための方針（以下この章及び第百二十五条第一項第一号において「都道府県資源管理方針」という。）を定めるものとする。ただし、特定水産資源の採捕が行われていない都道府県の知事については、この限りでない。

2　都道府県資源管理方針においては、次に掲げる事項を定めるものとする。

一　資源管理に関する基本的な事項

二　特定水産資源ごとの知事管理区分（都道府県知事が設定する管理区分をいう。以下この章において同じ。）

三　特定水産資源ごとの漁獲可能量（当該都道府県に配分される部分に限

る。）の知事管理区分への配分の基準
四　知事管理区分ごとの漁獲量の管理の手法
五　漁獲可能量による管理以外の手法による資源管理に関する事項
六　その他資源管理に関する重要事項
3　前項第三号の配分の基準は、水域の特性、漁獲の実績その他の事項を勘案して定めるものとする。
4　都道府県知事は、都道府県資源管理方針を定めようとするときは、関係海区漁業調整委員会の意見を聴かなければならない。
5　都道府県知事は、都道府県資源管理方針を定めようとするときは、農林水産大臣の承認を受けなければならない。
6　都道府県知事は、都道府県資源管理方針を定めたときは、遅滞なく、これを公表しなければならない。
7　農林水産大臣は、資源管理基本方針の変更により都道府県資源管理方針が資源管理基本方針に適合しなくなったと認めるときは、当該都道府県資源管理方針を定めた都道府県知事に対し、当該都道府県資源管理方針を変更すべき旨を通知しなければならない。
8　都道府県知事は、前項の規定により通知を受けたときは、都道府県資源管理方針を変更しなければならない。
9　都道府県知事は、前項の場合を除くほか、直近の資源評価、最新の科学的知見、漁業の動向その他の事情を勘案して、都道府県資源管理方針について検討を行い、必要があると認めるときは、これを変更するものとする。
10　第四項から第六項までの規定は、前二項の規定による都道府県資源管理方針の変更について準用する。
第三節　漁獲可能量による管理
第一款　漁獲可能量等の設定
（農林水産大臣による漁獲可能量等の設定）
第十五条　農林水産大臣は、資源管理基本方針に即して、特定水産資源ごと及びその管理年度ごとに、次に掲げる数量を定めるものとする。
一　漁獲可能量

二　漁獲可能量のうち各都道府県に配分する数量（以下この章において「都道府県別漁獲可能量」という。）
三　漁獲可能量のうち大臣管理区分に配分する数量（以下この節及び第百二十五条第一項第四号において「大臣管理漁獲可能量」という。）
2　農林水産大臣は、次に掲げる基準に従い漁獲可能量を定めるものとする。
一　資源水準の値が目標管理基準値を下回っている場合（次号に規定する場合を除く。）は、資源水準の値が目標管理基準値を上回るまで回復させること。
二　資源水準の値が限界管理基準値を下回っている場合は、農林水産大臣が定める第十二条第一項第二号の計画に従つて、資源水準の値が目標管理基準値を上回るまで回復させること。
三　資源水準の値が目標管理基準値を上回っている場合は、資源水準の値が目標管理基準値を上回る状態を維持すること。
四　第十二条第二項の目標となる値を定めたときは、同項の規定により推定した資源水準の値が当該目標となる値を上回るまで回復させ、又は当該目標となる値を上回る状態を維持すること。
3　農林水産大臣は、第一項各号に掲げる数量を定めようとするときは、水産政策審議会の意見を聴かなければならない。
4　農林水産大臣は、都道府県別漁獲可能量を定めようとするときは、関係する都道府県知事の意見を聴くものとし、その数量を定めたときは、遅滞なく、これを当該都道府県知事に通知するものとする。
5　農林水産大臣は、第一項各号に掲げる数量を定めたときは、遅滞なく、これを公表しなければならない。
6　前三項の規定は、第一項各号に掲げる数量の変更について準用する。
（知事管理漁獲可能量の設定）
第十六条　都道府県知事は、都道府県資源管理方針に即して、都道府県別漁獲可能量について、知事管理区分に配分する数量（以下この節及び第百二十五条第一項第四号において「知事管理漁獲可能量」という。）を定めるものとする。
2　都道府県知事は、知事管理漁獲可能量を定めようとするときは、関係海区漁業調整委員会の意見を聴かなければならない。

3　都道府県知事は、知事管理漁獲可能量を定めようとするときは、農林水産大臣の承認を受けなければならない。

4　都道府県知事は、知事管理漁獲可能量を定めたときは、遅滞なく、これを公表しなければならない。

5　前三項の規定は、知事管理漁獲可能量の変更について準用する。この場合において、第三項中「定めようとするとき」とあるのは、「変更しようとするとき（農林水産省令で定める軽微な変更を除く。）」と読み替えるものとする。

6　都道府県知事は、前項において読み替えて準用する第三項の農林水産省令で定める軽微な変更をしたときは、遅滞なく、その旨を農林水産大臣に報告しなければならない。

第二款　漁獲割当てによる漁獲量の管理

（漁獲割当割合の設定）

第十七条　漁獲割当てによる漁獲量の管理を行う管理区分（以下この節並びに第百二十四条第一項及び第百三十二条第二項第一号において「漁獲割当管理区分」という。）において当該漁獲割当ての対象となる特定水産資源を採捕しようとする者は、当該管理区分が大臣管理区分である場合には農林水産大臣、知事管理区分である場合には当該知事管理区分に係る都道府県知事に申請して、当該特定水産資源の採捕に使用しようとする船舶等ごとに漁獲割当ての割合（以下この款において「漁獲割当割合」という。）の設定を求めることができる。

2　前項の漁獲割当割合の有効期間は、一年を下らない農林水産省令で定める期間とする。

3　農林水産大臣又は都道府県知事は、漁獲割当割合の設定をしようとするときは、あらかじめ、漁獲割当管理区分ごとに、船舶等ごとの漁獲実績その他農林水産省令で定める事項を勘案して設定の基準を定め、これに従って設定を行わなければならない。

4　農林水産大臣又は都道府県知事は、漁獲割当ての対象となる特定水産資源の再生産の阻害を防止するために漁業時期若しくは漁具の制限その他の漁獲可能量による管理以外の手法による資源管理を行う必要があると認めるとき、又は漁獲割当割合の設定を受けた者の間の紛争を防止する必要があると認めるときは、漁獲割当割合の設定を、当該漁獲割当ての対象となる特定水産資源の採捕に係る漁業に係る許可等（第三十六条第一項若しくは第五十七条第一項の許可又は第三十八条（第五十八条において準用する場合を含む。）の認可をいう。）を受け、又は当該採捕に係る個別漁業権（第六十二条第二項第一号ホに規定する個別漁業権をいう。）を有する者（第二十三条第二項第一号において「有資格者」という。）に限ることができる。

（漁獲割当割合の設定を行わない場合）

第十八条　前条第一項の規定により申請した者が次の各号に掲げる者のいずれかに該当するときは、農林水産大臣又は都道府県知事は、漁獲割当割合の設定を行つてはならない。

一　漁業又は労働に関する法令を遵守せず、かつ、引き続き遵守することが見込まれない者

二　暴力団員による不当な行為の防止等に関する法律（平成三年法律第七十七号）第二条第六号に規定する暴力団員又は同号に規定する暴力団員でなくなった日から五年を経過しない者（以下「暴力団員等」という。）

三　法人であって、その役員又は政令で定める使用人のうちに前二号のいずれかに該当する者があるもの

四　暴力団員等がその事業活動を支配する者

五　その申請に係る漁業を営むに足りる経理的基礎を有しない者

2　農林水産大臣又は都道府県知事は、前項の規定により漁獲割当割合の設定を行わないときは、あらかじめ、当該申請者にその理由を文書をもつて通知し、公開による意見の聴取を行わなければならない。

3　前項の意見の聴取に際しては、当該申請者又はその代理人は、当該事案について弁明し、かつ、証拠を提出することができる。

（年次漁獲割当量の設定）

第十九条　農林水産大臣又は都道府県知事は、農林水産省令で定めるところにより、管理年度ごとに、漁獲割当割合設定者（第十七条第一項の規定

により漁獲割当割合の設定を受けた者をいう。以下この款において同じ。）に対し、年次漁獲割当量（漁獲割当管理区分において管理年度中に特定水産資源を採捕することができる数量をいう。以下この款及び第百三十二条第二項第一号において同じ。）を設定する。

2　年次漁獲割当量は、当該管理年度に係る大臣管理漁獲可能量又は知事管理漁獲可能量に漁獲割当割合設定者が設定を受けた漁獲割当割合を乗じて得た数量とする。

3　農林水産大臣又は都道府県知事は、第一項の規定により年次漁獲割当量を設定したときは、当該年次漁獲割当量の設定を受けた者（以下この款及び第百三十二条第二項第一号において「年次漁獲割当量設定者」という。）に対し当該年次漁獲割当量を通知するものとする。

4　農林水産大臣又は都道府県知事は、政令で定めるところにより、年次漁獲割当量設定者の同意を得て、電磁的方法（第百六条第五項に規定する電磁的方法をいう。）により通知を発することができる。

（漁獲割当管理原簿）

第二十条　農林水産大臣又は都道府県知事は、漁獲割当管理原簿を作成し、漁獲割当割合及び年次漁獲割当量の設定、移転及び取消しの管理を行うものとする。

2　漁獲割当管理原簿については、行政機関の保有する情報の公開に関する法律（平成十一年法律第四十二号）の規定は、適用しない。

3　漁獲割当管理原簿に記録されている保有個人情報（行政機関の保有する個人情報の保護に関する法律（平成十五年法律第五十八号）第二条第五項に規定する保有個人情報をいう。）については、同法第四章の規定は、適用しない。

4　漁獲割当管理原簿は、電磁的記録（電子的方式、磁気的方式その他人の知覚によっては認識することができない方式で作られる記録であって、電子計算機による情報処理の用に供されるものとして農林水産省令で定めるものをいう。）で作成することができる。

（漁獲割当割合の移転）

第二十一条　漁獲割当割合は、船舶等とともに当該船舶等ごとに設定された漁獲割当割合を譲り渡す場合その他農林水産省令で定める場合に該当する場合であって農林水産大臣又は都道府県知事の認可を受けたときに限り、移転をすることができる。この場合において、当該移転を受けた者は漁獲割当割合設定者と、当該移転をされた漁獲割当割合は第十七条第一項の規定により設定を受けた漁獲割当割合と、それぞれみなして、この款の規定を適用する。

2　農林水産大臣又は都道府県知事は、漁獲割当割合の移転を受けようとする者が第十八条第一項各号に掲げる者のいずれかに該当する場合その他農林水産省令で定める場合は、前項の認可をしてはならない。

3　漁獲割当割合設定者が死亡し、解散し、又は分割（漁獲割当割合の設定を受けた船舶等を承継させるものに限る。）をしたときは、その相続人（相続人が二人以上ある場合においてその協議により漁獲割当割合の設定を受けた船舶等を承継すべき者を定めたときは、その者）、合併後存続する法人若しくは合併によって成立した法人又は分割によって漁獲割当割合の設定を受けた船舶等を承継した法人は、当該漁獲割当割合設定者の地位（相続又は分割により漁獲割当割合の設定を受けた船舶等の一部を承継した者にあっては、当該一部の船舶等に係る部分に限る。）を承継する。

4　前項の規定により漁獲割当割合設定者の地位を承継した者は、承継の日から二月以内にその旨を農林水産大臣又は都道府県知事に届け出なければならない。

（年次漁獲割当量の移転）

第二十二条　年次漁獲割当量は、他の漁獲割当割合設定者に譲り渡す場合その他農林水産省令で定める場合に該当する場合であって農林水産大臣又は都道府県知事の認可を受けたときに限り、移転をすることができる。この場合において、当該移転を受けた者は年次漁獲割当量設定者と、当該移転をされた年次漁獲割当量は第十九条第一項の規定により設定を受けた年次漁獲割当量と、それぞれみなして、この款及び第百三十二条第二項第一号の規定を適用する。

2　農林水産大臣又は都道府県知事は、次の各号のいずれかに該当する場合は、前項の認可をしてはならない。

一　年次漁獲割当量の移転を受けようとする者が第十八条第一項各号に掲げる者のいずれかに該当する場合
二　移転をしようとする年次漁獲割当量が、当該移転をしようとする年次漁獲割当量設定者が設定を受けた年次漁獲割当量から当該年次漁獲割当量設定者が当該管理年度において採捕した特定水産資源の数量を減じた数量よりも大きいと認められる場合
三　前二号に掲げる場合のほか、農林水産省令で定める場合
3　年次漁獲割当量設定者が死亡し、解散し、又は分割（年次漁獲割当量を承継させるものに限る。）をしたときは、その相続人（相続人が二人以上ある場合においてその協議により年次漁獲割当量を承継すべき者を定めたときは、その者）、合併後存続する法人若しくは合併によって成立した法人又は分割によって年次漁獲割当量を承継した法人は、当該年次漁獲割当量設定者の地位（相続又は分割により年次漁獲割当量の一部を承継した者にあっては、当該一部の年次漁獲割当量に係る部分に限る。）を承継する。
4　前項の規定により年次漁獲割当量設定者の地位を承継した者は、承継の日から二月以内にその旨を農林水産大臣又は都道府県知事に届け出なければならない。

（適格性の喪失等による取消し）

第二十三条　農林水産大臣及び都道府県知事は、漁獲割当割合設定者又は年次漁獲割当量設定者が第十八条第一項各号（第五号を除く。）に掲げる者のいずれかに該当することとなった場合には、これらの者が設定を受けた漁獲割当割合及び年次漁獲割当量を取り消さなければならない。
2　農林水産大臣及び都道府県知事は、漁獲割当割合設定者又は年次漁獲割当量設定者が次の各号のいずれかに該当することとなった場合には、これらの者が設定を受けた漁獲割当割合及び年次漁獲割当量を取り消すことができる。
一　第十七条第四項の規定により漁獲割当割合の設定を有資格者に限る場合において、有資格者でなくなった場合
二　第十八条第一項第五号に掲げる者に該当することとなった場合

3　前二項の規定による処分に係る聴聞の期日における審理は、公開により行わなければならない。

（政令への委任）

第二十四条　第十七条から前条までに定めるもののほか、漁獲割当管理原簿への記録その他漁獲割当てに関し必要な事項は、政令で定める。

（採捕の制限）

第二十五条　漁獲割当管理区分においては、当該漁獲割当管理区分に係る年次漁獲割当量設定者でなければ、当該漁獲割当ての対象となる特定水産資源の採捕を目的として当該特定水産資源の採捕をしてはならない。

2　年次漁獲割当量設定者は、漁獲割当管理区分においては、その設定を受けた年次漁獲割当量を超えて当該漁獲割当ての対象となる特定水産資源の採捕をしてはならない。

（漁獲量等の報告）

第二十六条　年次漁獲割当量設定者は、漁獲割当管理区分において、特定水産資源の採捕をしたときは、農林水産省令で定める期間内に、農林水産省令又は規則で定めるところにより、漁獲量その他漁獲の状況に関し農林水産省令で定める事項を、当該漁獲割当管理区分が大臣管理区分である場合には農林水産大臣、知事管理区分である場合には当該知事管理区分に係る都道府県知事に報告しなければならない。

2　都道府県知事は、前項の規定により報告を受けたときは、農林水産省令で定めるところにより、速やかに、当該事項を農林水産大臣に報告するものとする。

（停泊命令等）

第二十七条　農林水産大臣又は都道府県知事は、年次漁獲割当量設定者が第二十五条第二項の規定に違反してその設定を受けた年次漁獲割当量を超えて特定水産資源の採捕をし、かつ、当該採捕を引き続きするおそれがあるときは、当該採捕をした者が使用する船舶について停泊港及び停泊期間を指定して停泊を命じ、又は当該採捕に使用した漁具その他特定水産資源の採捕の用に供される物について期間を指定してその使用の禁止若しくは陸揚げを命ずることができる。

（年次漁獲割当量の控除）

第二十八条　農林水産大臣又は都道府県知事は、漁獲割当割合設定者である年次漁獲割当量設定者が第二十五条第二項の規定に違反してその設定を受けた年次漁獲割当量を超えて特定水産資源を採捕したときは、その超えた部分の数量を基準として農林水産省令で定めるところにより算出する数量を、次の管理年度以降において当該漁獲割当割合設定者に設定する年次漁獲割当量から控除することができる。

（漁獲割当割合の削減）

第二十九条　農林水産大臣又は都道府県知事は、漁獲割当割合設定者である年次漁獲割当量設定者が第二十五条第二項の規定に違反してその設定を受けた年次漁獲割当量を超えて特定水産資源を採捕し、又は第二十七条の規定による命令に違反したときは、農林水産省令で定めるところにより、その設定を受けた漁獲割当割合を減ずる処分をすることができる。

2　農林水産大臣又は都道府県知事は、前項の処分をしようとするときは、行政手続法（平成五年法律第八十八号）第十三条第一項の規定による意見陳述のための手続の区分にかかわらず、聴聞を行わなければならない。

3　第一項の処分に係る聴聞の期日における審理は、公開により行わなければならない。

第三款　漁獲量等の総量の管理

（漁獲量等の報告）

第三十条　漁獲割当管理区分以外の管理区分において特定水産資源の採捕（漁獲努力量の総量の管理を行う管理区分（以下この項及び次条において「漁獲努力量管理区分」という。）にあっては、当該漁獲努力量に係る漁ろう。以下この款において同じ。）をする者は、特定水産資源の採捕をしたときは、農林水産省令で定める期間内に、農林水産省令又は規則で定めるところにより、当該特定水産資源の漁獲量（漁獲努力量管理区分にあっては、当該特定水産資源に係る漁獲努力量。以下この款において同じ。）その他漁獲の状況に関し農林水産省令で定める事項を、当該管理区分が大臣管理区分（漁獲割当管理区分以外のものに限る。以下この款において同じ。）である場合には農林水産大臣、知事管理区分（漁獲割当管理区分以外のものに限る。以下この款において同じ。）である場合には当該知事管理区分に係る都道府県知事に報告しなければならない。

2　都道府県知事は、前項の規定により報告を受けたときは、農林水産省令で定めるところにより、速やかに、当該事項を農林水産大臣に報告するものとする。

（漁獲量等の公表）

第三十一条　農林水産大臣又は都道府県知事は、大臣管理区分又は知事管理区分における特定水産資源の漁獲量の総量が当該管理区分に係る大臣管理漁獲可能量又は知事管理漁獲可能量（漁獲努力量管理区分にあっては、当該管理区分に係る漁獲努力可能量。次条及び第三十三条において同じ。）を超えるおそれがあると認めるときその他農林水産省令で定めるときは、当該漁獲量の総量その他農林水産省令で定める事項を公表するものとする。

（助言、指導又は勧告）

第三十二条　農林水産大臣は、次の各号のいずれかに該当すると認めるときは、それぞれ当該各号に定める者に対し、必要な助言、指導又は勧告をすることができる。

一　大臣管理区分における特定水産資源の漁獲量の総量が当該大臣管理区分に係る大臣管理漁獲可能量を超えるおそれが大きい場合 当該大臣管理区分において当該特定水産資源の採捕をする者

二　一の特定水産資源に係る全ての大臣管理区分における当該特定水産資源の漁獲量の総量が当該全ての大臣管理区分に係る大臣管理漁獲可能量の合計を超えるおそれが大きい場合 当該全ての大臣管理区分のいずれかにおいて当該特定水産資源の採捕をする者

三　特定水産資源の漁獲量の総量が当該特定水産資源の漁獲可能量を超えるおそれが大きい場合 当該特定水産資源の採捕をする者

2　都道府県知事は、次の各号のいずれかに該当すると認めるときは、それぞれ当該各号に定める者に対し、必要な助言、指導又は勧告をすることができる。

一　知事管理区分における特定水産資源の漁獲量の総量が当該知事管理区分に係る知事管理漁獲可能量を超えるおそれが大きい場合 当該知事

管理区分において当該特定水産資源の採捕をする者
二　一の特定水産資源に係る全ての知事管理区分における当該特定水産資源の漁獲量の総量が当該都道府県の都道府県別漁獲可能量を超えるおそれが大きい場合 当該全ての知事管理区分のいずれかにおいて当該特定水産資源の採捕をする者

（採捕の停止等）

第三十三条　農林水産大臣は、次の各号のいずれかに該当すると認めるときは、それぞれ当該各号に定める者に対し、農林水産省令で定めるところにより、期間を定め、採捕の停止その他特定水産資源の採捕に関し必要な命令をすることができる。

一　大臣管理区分における特定水産資源の漁獲量の総量が当該大臣管理区分に係る大臣管理漁獲可能量を超えており、又は超えるおそれが著しく大きい場合 当該大臣管理区分において当該特定水産資源の採捕をする者
二　一の特定水産資源に係る全ての大臣管理区分における当該特定水産資源の漁獲量の総量が当該全ての大臣管理区分に係る大臣管理漁獲可能量の合計を超えており、又は超えるおそれが著しく大きい場合 当該全ての大臣管理区分のいずれかにおいて当該特定水産資源の採捕をする者
三　特定水産資源の漁獲量の総量が当該特定水産資源の漁獲可能量を超えており、又は超えるおそれが著しく大きい場合 当該特定水産資源の採捕をする者

2　都道府県知事は、次の各号のいずれかに該当すると認めるときは、それぞれ当該各号に定める者に対し、規則で定めるところにより、期間を定め、採捕の停止その他特定水産資源の採捕に関し必要な命令をすることができる。

一　知事管理区分における特定水産資源の漁獲量の総量が当該知事管理区分に係る知事管理漁獲可能量を超えており、又は超えるおそれが著しく大きい場合 当該知事管理区分において当該特定水産資源の採捕をする者

二　一の特定水産資源に係る全ての知事管理区分における当該特定水産資源の漁獲量の総量が当該都道府県の都道府県別漁獲可能量を超えており、又は超えるおそれが著しく大きい場合 当該全ての知事管理区分のいずれかにおいて当該特定水産資源の採捕をする者

（停泊命令等）

第三十四条　農林水産大臣又は都道府県知事は、前条の命令を受けた者が当該命令に違反する行為をし、かつ、当該行為を引き続きするおそれがあるときは、当該行為をした者が使用する船舶について停泊港及び停泊期間を指定して停泊を命じ、又は当該行為に使用した漁具その他特定水産資源の採捕の用に供される物について期間を指定してその使用の禁止若しくは陸揚げを命ずることができる。

第四節 補則

第三十五条　都道府県知事は、都道府県別漁獲可能量の管理を行うに当たり特に必要があると認めるときは、農林水産大臣に対し、第百二十一条第三項の規定により同条第一項の指示について必要な指示をすることを求めることができる。

第四章　漁業権及び沿岸漁場管理

第一節　総則

（定義）

第六十条　この章において「漁業権」とは、定置漁業権、区画漁業権及び共同漁業権をいう。

2　この章において「定置漁業権」とは、定置漁業を営む権利をいい、「区画漁業権」とは、区画漁業を営む権利をいい、「共同漁業権」とは、共同漁業を営む権利をいう。

3　この章において「定置漁業」とは、漁具を定置して営む漁業であって次に掲げるものをいう。

一　身網の設置される場所の最深部が最高潮時において水深二十七メートル（沖縄県にあつては、十五メートル）以上であるもの（瀬戸内海（第百五十二条第二項に規定する瀬戸内海をいう。）におけるます網漁業並び

に陸奥湾（陸奥湾の海面として農林水産大臣の指定するものをいう。）における落とし網漁業及びます網漁業を除く。）
二　北海道においてさけを主たる漁獲物とするもの
4　この章において「区画漁業」とは、次に掲げる漁業をいう。
一　第一種区画漁業　一定の区域内において石、瓦、竹、木その他の物を敷設して営む養殖業
二　第二種区画漁業　土、石、竹、木その他の物によって囲まれた一定の区域内において営む養殖業
三　第三種区画漁業　一定の区域内において営む養殖業であって前二号に掲げるもの以外のもの
5　この章において「共同漁業」とは、次に掲げる漁業であって一定の水面を共同に利用して営むものをいう。
一　第一種共同漁業　藻類、貝類又は農林水産大臣の指定する定着性の水産動物を目的とする漁業
二　第二種共同漁業　海面（海面に準ずる湖沼として農林水産大臣が定めて告示する水面を含む。以下同じ。）のうち農林水産大臣が定めて告示する湖沼に準ずる海面以外の水面（次号及び第四号において「特定海面」という。）において網漁具（えりやな類を含む。）を移動しないように敷設して営む漁業であって定置漁業以外のもの
三　第三種共同漁業　特定海面において営む地びき網漁業、地こぎ網漁業、船びき網漁業（動力漁船を使用するものを除く。）、飼付漁業又はつきいそ漁業（第一号に掲げるものを除く。）
四　第四種共同漁業　特定海面において営む寄魚漁業又は鳥付こぎ釣漁業
五　第五種共同漁業　内水面（海面以外の水面をいう。以下同じ。）又は第二号の湖沼に準ずる海面において営む漁業であって第一号に掲げるもの以外のもの
6　この章において「動力漁船」とは、推進機関を備える船舶であって次の各号のいずれかに該当するものをいう。
一　専ら漁業に従事する船舶
二　漁業に従事する船舶であって漁獲物の保蔵又は製造の設備を有するもの

三　専ら漁場から漁獲物又はその製品を運搬する船舶
四　専ら漁業に関する試験、調査、指導若しくは練習に従事する船舶又は漁業の取締りに従事する船舶であって漁ろう設備を有するもの
7　この章において「入漁権」とは、設定行為に基づき、他人の区画漁業権（その内容たる漁業を自ら営まない漁業協同組合又は漁業協同組合連合会が免許を受けるものに限る。）又は共同漁業権（以下この章において「団体漁業権」と総称する。）に属する漁場において当該団体漁業権の内容たる漁業の全部又は一部を営む権利をいう。
8　この章において「保全活動」とは、水産動植物の生育環境の保全又は改善その他沿岸漁場の保全のための活動であって農林水産省令で定めるものをいう。
9　この章において「保全沿岸漁場」とは、漁業生産力の発展を図るため保全活動の円滑かつ計画的な実施を確保する必要がある沿岸漁場として都道府県知事が定めるものをいう。
（都道府県による水面の総合的な利用の推進等）
第六十一条　都道府県は、その管轄に属する水面における漁業生産力を発展させるため、水面の総合的な利用を推進するとともに、水産動植物の生育環境の保全及び改善に努めなければならない。
第二節　海区漁場計画及び内水面漁場計画
第一款　海区漁場計画
（海区漁場計画）
第六十二条　都道府県知事は、その管轄に属する海面について、五年ごとに、海区漁場計画を定めるものとする。ただし、管轄に属する海面を有しない都道府県知事にあっては、この限りでない。
2　海区漁場計画においては、海区（第百三十六条第一項に規定する海区をいう。以下この款において同じ。）ごとに、次に掲げる事項を定めるものとする。
一　当該海区に設定する漁業権について、次に掲げる事項
イ　漁場の位置及び区域
ロ　漁業の種類

ハ　漁業時期
ニ　存続期間（第七十五条第一項の期間より短い期間を定める場合に限る。）
ホ　区画漁業権については、個別漁業権（団体漁業権以外の漁業権をいう。次節において同じ。）又は団体漁業権の別
ヘ　団体漁業権については、その関係地区（自然的及び社会経済的条件により漁業権に係る漁場が属すると認められる地区をいう。第七十二条及び第百六条第四項において同じ。）
ト　イからヘまでに掲げるもののほか、漁業権の設定に関し必要な事項
二　当該海区に設定する保全沿岸漁場について、次に掲げる事項
イ　漁場の位置及び区域
ロ　保全活動の種類
ハ　イ及びロに掲げるもののほか、保全沿岸漁場の設定に関し必要な事項
（海区漁場計画の要件等）
第六十三条　海区漁場計画は、次に掲げる要件に該当するものでなければならない。
一　それぞれの漁業権が、海区に係る海面の総合的な利用を推進するとともに、漁業調整その他公益に支障を及ぼさないように設定されていること。
二　海区漁場計画の作成の時において適切かつ有効に活用されている漁業権（次号において「活用漁業権」という。）があるときは、前条第二項第一号イからハまでに掲げる事項が当該漁業権とおおむね等しいと認められる漁業権（次号において「類似漁業権」という。）が設定されていること。
三　前号の場合において活用漁業権が団体漁業権であるときは、類似漁業権が団体漁業権として設定されていること。
四　前号の場合のほか、漁場の活用の現況及び次条第二項の検討の結果に照らし、団体漁業権として区画漁業権を設定することが、当該区画漁業権に係る漁場における漁業生産力の発展に最も資すると認められる場合には、団体漁業権として区画漁業権が設定されていること。
五　前条第二項第一号ニについて、第七十五条第一項の期間より短い期間

を定めるに当たっては、漁業調整のため必要な範囲内であること。
六 それぞれの保全沿岸漁場が、海区に設定される漁業権の内容たる漁業に係る漁場の使用と調和しつつ、水産動植物の生育環境の保全及び改善が適切に実施されるように設定されていること。
2 都道府県知事は、海区漁場計画の作成に当たっては、海区に係る海面全体を最大限に活用するため、漁業権が存しない海面をその漁場の区域とする新たな漁業権を設定するよう努めるものとする。
（海区漁場計画の作成の手続）
第六十四条 都道府県知事は、海区漁場計画の案を作成しようとするときは、農林水産省令で定めるところにより、当該海区において漁業を営む者、漁業を営もうとする者その他の利害関係人の意見を聴かなければならない。
2 都道府県知事は、前項の規定により聴いた意見について検討を加え、その結果を公表しなければならない。
3 都道府県知事は、前項の検討の結果を踏まえて海区漁場計画の案を作成しなければならない。
4 都道府県知事は、海区漁場計画の案を作成したときは、海区漁業調整委員会の意見を聴かなければならない。
5 海区漁業調整委員会は、前項の意見を述べようとするときは、あらかじめ、期日及び場所を公示して公聴会を開き、農林水産省令で定めるところにより、当該海区において漁業を営む者、漁業を営もうとする者その他の利害関係人の意見を聴かなければならない。
6 都道府県知事は、海区漁場計画を作成したときは、当該海区漁場計画の内容その他農林水産省令で定める事項を公表するとともに、漁業の免許予定日及び第百九条の沿岸漁場管理団体の指定予定日並びにこれらの申請期間を公示しなければならない。
7 前項の免許予定日及び指定予定日は、同項の規定による公示の日から起算して三月を経過した日以後の日としなければならない。
8 前各項の規定は、海区漁場計画の変更について準用する。
（農林水産大臣の助言）

第六十五条　農林水産大臣は、前条第二項の検討の結果を踏まえて、都道府県の区域を超えた広域的な見地から、我が国の漁業生産力の発展を図るために必要があると認めるときは、都道府県知事に対し、海区漁場計画の案を修正すべき旨の助言その他海区漁場計画に関して必要な助言をすることができる。

（農林水産大臣の指示）

第六十六条　農林水産大臣は、次の各号のいずれかに該当するときは、都道府県知事に対し、海区漁場計画を変更すべき旨の指示その他海区漁場計画に関して必要な指示をすることができる。

一　前条の規定により助言をした事項について、我が国の漁業生産力の発展を図るため特に必要があると認めるとき。

二　都道府県の区域を超えた広域的な見地から、漁業調整のため特に必要があると認めるとき。

第二款　内水面漁場計画

第六十七条　都道府県知事は、その管轄する内水面について、五年ごとに、内水面漁場計画を定めるものとする。

2　第六十二条第二項（第一号に係る部分に限る。）、第六十三条第一項（第六号を除く。）及び第二項並びに第六十四条から前条までの規定は、内水面漁場計画について準用する。この場合において、第六十二条第二項中「海区（第百三十六条第一項に規定する海区をいう。以下この款において同じ。）ごとに、次に」とあるのは「次に」と、第六十四条第六項中「免許予定日及び第百九条の沿岸漁場管理団体の指定予定日並びにこれらの」とあるのは「免許予定日及び」と、同条第七項中「免許予定日及び指定予定日」とあるのは「免許予定日」と読み替えるものとする。

第三節　漁業権

第一款　漁業の免許

（漁業権に基づかない定置漁業等の禁止）

第六十八条　定置漁業及び区画漁業は、漁業権又は入漁権に基づくものでなければ、営んではならない。

（漁業の免許）

第六十九条　漁業権の内容たる漁業の免許を受けようとする者は、農林水産省令で定めるところにより、都道府県知事に申請しなければならない。

2　前項の免許を受けた者は、当該漁業権を取得する。

（海区漁業調整委員会への諮問）

第七十条　前条第一項の申請があったときは、都道府県知事は、海区漁業調整委員会の意見を聴かなければならない。

（免許をしない場合）

第七十一条　次の各号のいずれかに該当する場合は、都道府県知事は、漁業の免許をしてはならない。

一　申請者が次条に規定する適格性を有する者でないとき。

二　海区漁場計画又は内水面漁場計画の内容と異なる申請があったとき。

三　その申請に係る漁業と同種の漁業を内容とする漁業権の不当な集中に至るおそれがあるとき。

四　免許を受けようとする漁場の敷地が他人の所有に属する場合又は水面が他人の占有に係る場合において、その所有者又は占有者の同意がないとき。

2　前項第四号の場合において同号の所有者又は占有者の住所又は居所が明らかでないため同意が得られないときは、最高裁判所の定める手続により、裁判所の許可をもってその者の同意に代えることができる。

3　前項の許可に対する裁判に関しては、最高裁判所の定める手続により、上訴することができる。

4　第一項第四号の所有者又は占有者は、正当な事由がなければ、同意を拒むことができない。

5　海区漁業調整委員会は、都道府県知事に対し、当該申請が第一項各号のいずれかに該当する旨の意見を述べようとするときは、あらかじめ、当該申請者に同項各号のいずれかに該当する理由を文書をもって通知し、公開による意見の聴取を行わなければならない。

6　前項の意見の聴取に際しては、当該申請者又はその代理人は、当該事案について弁明し、かつ、証拠を提出することができる。

（免許についての適格性）

第七十二条　個別漁業権の内容たる漁業の免許について適格性を有する者は、次の各号のいずれにも該当しない者とする。

一　漁業又は労働に関する法令を遵守せず、かつ、引き続き遵守することが見込まれない者であること。

二　暴力団員等であること。

三　法人であって、その役員又は政令で定める使用人のうちに前二号のいずれかに該当する者があるものであること。

四　暴力団員等がその事業活動を支配する者であること。

２　団体漁業権の内容たる漁業の免許について適格性を有する者は、当該団体漁業権の関係地区の全部又は一部をその地区内に含む漁業協同組合又は漁業協同組合連合会であって、次の各号に掲げる団体漁業権の種類に応じ、当該各号に定めるものとする。

一　現に存する区画漁業権の存続期間の満了に際し、漁場の位置及び区域並びに漁業の種類が当該現に存する区画漁業権とおおむね等しいと認められるものとして設定される団体漁業権　その組合員（漁業協同組合連合会の場合には、その会員たる漁業協同組合の組合員）のうち関係地区内に住所を有し当該漁業を営む者の属する世帯の数が、関係地区内に住所を有し当該漁業を営む者の属する世帯の数の三分の二以上であるもの

二　団体漁業権（前号に掲げるものを除く。）その組合員（漁業協同組合連合会の場合には、その会員たる漁業協同組合の組合員）のうち関係地区内に住所を有し一年に九十日以上沿岸漁業（海面における漁業のうち総トン数二十トン以上の動力漁船を使用して行う漁業以外の漁業をいう。以下この条及び第百六条第四項において同じ。）を営む者（河川以外の内水面における漁業を内容とする漁業権にあっては当該内水面において一年に三十日以上漁業を営む者、河川における漁業を内容とする漁業権にあっては当該河川において一年に三十日以上水産動植物の採捕又は養殖をする者。以下この号及び第五項において同じ。）の属する世帯の数が、関係地区内に住所を有し一年に九十日以上沿岸漁業を営む者の属する世帯の数

の三分の二以上であるもの

3　前項の規定により世帯の数を計算する場合において、当該漁業を営む者が法人であるときは、当該法人（株式会社にあっては、公開会社（会社法（平成十七年法律第八十六号）第二条第五号に規定する公開会社をいう。）でないものに限る。以下この項において同じ。）の組合員、社員若しくは株主又は当該法人の組合員、社員若しくは株主である法人の組合員、社員若しくは株主のうち当該漁業の漁業従事者である者の属する世帯の数により計算するものとする。

4　第二項の規定は、二以上の漁業協同組合又は漁業協同組合連合会が共同してした申請について準用する。この場合において、同項中「その組合員」とあるのは「それらの組合員」と、「その会員」とあるのは「それらの会員」と読み替えるものとする。

5　第二項第一号に掲げる団体漁業権の関係地区内に住所を有し当該団体漁業権の内容たる漁業を営む者を組合員とする漁業協同組合若しくはその漁業協同組合を会員とする漁業協同組合連合会が同号に定める漁業協同組合若しくは漁業協同組合連合会に対して当該漁業の免許を共同して申請することを申し出た場合又は同項第二号に掲げる団体漁業権の関係地区内に住所を有し一年に九十日以上沿岸漁業を営む者を組合員とする漁業協同組合若しくはその漁業協同組合を会員とする漁業協同組合連合会が同号に定める漁業協同組合若しくは漁業協同組合連合会に対して当該漁業の免許を共同して申請することを申し出た場合には、申出を受けた漁業協同組合又は漁業協同組合連合会は、正当な事由がなければ、これを拒むことができない。

6　第二項（第四項において準用する場合を含む。）の規定により適格性を有する漁業協同組合又は漁業協同組合連合会が団体漁業権の内容たる漁業の免許を受けた場合には、その免許の際に当該団体漁業権の関係地区内に住所を有し当該漁業を営む者であつた者を組合員とする漁業協同組合又はその漁業協同組合を会員とする漁業協同組合連合会は、都道府県知事の認可を受けて、当該免許を受けた漁業協同組合又は漁業協同組合連合会に対し当該団体漁業権を共有すべきことを請求することができる。この場合には、第七十九条第一項の規定は、適用しない。

7　前項の認可の申請があつたときは、都道府県知事は、海区漁業調整委員会の意見を聴かなければならない。

8　漁業協同組合又は漁業協同組合連合会が第一種共同漁業又は第五種共同漁業を内容とする共同漁業権を取得した場合においては、海区漁業調整委員会は、当該漁業協同組合又は漁業協同組合連合会と関係地区内に住所を有する漁業者（個人に限る。）又は漁業従事者であってその組合員（漁業協同組合連合会の場合には、その会員たる漁業協同組合の組合員）でないものとの関係において当該共同漁業権の行使を適切にするため、第百二十条第一項の規定に従い、必要な指示をするものとする。

（免許をすべき者の決定）

第七十三条　都道府県知事は、第六十四条第六項の申請期間内に漁業の免許を申請した者に対しては、第七十一条第一項各号のいずれかに該当する場合を除き、免許をしなければならない。

2　前項の場合において、同一の漁業権について免許の申請が複数あるときは、都道府県知事は、次の各号に掲げる場合に応じ、当該各号に定める者に対して免許をするものとする。

一　漁業権の存続期間の満了に際し、漁場の位置及び区域並びに漁業の種類が当該満了する漁業権（以下この号において「満了漁業権」という。）とおおむね等しいと認められるものとして設定される漁業権について当該満了漁業権を有する者による申請がある場合であって、その者が当該満了漁業権に係る漁場を適切かつ有効に活用していると認められる場合　当該者

二　前号に掲げる場合以外の場合　免許の内容たる漁業による漁業生産の増大並びにこれを通じた漁業所得の向上及び就業機会の確保その他の地域の水産業の発展に最も寄与すると認められる者

第二款　漁業権の性質等

（漁業権者の責務）

第七十四条　漁業権を有する者（以下この節及び第百七十条第七項において「漁業権者」という。）は、当該漁業権に係る漁場を適切かつ有効に活用す

るよう努めるものとする。

2　団体漁業権を有する漁業協同組合又は漁業協同組合連合会は、当該団体漁業権に係る漁場における漁業生産力を発展させるため、農林水産省令で定めるところにより、組合員（漁業協同組合連合会にあっては、その会員たる漁業協同組合の組合員。以下この項において同じ。）が相互に協力して行う生産の合理化、組合員による生産活動のための法人の設立その他の方法による経営の高度化の促進に関する計画を作成し、定期的に点検を行うとともに、その実現に努めるものとする。

（漁業権の存続期間）

第七十五条　漁業権の存続期間は、免許の日から起算して、区画漁業権（真珠養殖業を内容とするものその他の農林水産省令で定めるものに限る。）及び共同漁業権にあっては十年、その他の漁業権にあっては五年とする。

2　都道府県知事が海区漁場計画又は内水面漁場計画において前項の期間より短い期間を定めた漁業権の存続期間は、同項の規定にかかわらず、当該都道府県知事が定めた期間とする。

（漁業権の分割又は変更）

第七十六条　漁業権を分割し、又は変更しようとする者は、都道府県知事に申請して、その免許を受けなければならない。

2　都道府県知事は、海区漁場計画又は内水面漁場計画に適合するものでなければ、前項の免許をしてはならない。

3　第一項の場合においては、第七十条及び第七十一条の規定を準用する。

（漁業権の性質）

第七十七条　漁業権は、物権とみなし、土地に関する規定を準用する。

2　民法（明治二十九年法律第八十九号）第二編第九章の規定は個別漁業権に、同編第八章から第十章までの規定は団体漁業権に、いずれも適用しない。

（抵当権の設定）

第七十八条　個別漁業権について抵当権を設定した場合において、その漁場に定着した工作物は、民法第三百七十条の規定の準用に関しては、漁業権に付加してこれと一体を成す物とみなす。個別漁業権が先取特権の目的である場合も、同様とする。

2　個別漁業権を目的とする抵当権の設定は、都道府県知事の認可を受けなければ、その効力を生じない。

3　前項の規定により認可をしようとするときは、都道府県知事は、海区漁業調整委員会の意見を聴かなければならない。

（漁業権の移転の制限）

第七十九条　漁業権は、相続又は法人の合併若しくは分割による場合を除き、移転の目的とすることができない。ただし、個別漁業権については、滞納処分による場合、先取特権者若しくは抵当権者がその権利を実行する場合又は次条第二項の通知を受けた者が譲渡する場合において、都道府県知事の認可を受けたときは、この限りでない。

2　都道府県知事は、第七十二条第一項又は第二項（同条第四項において準用する場合を含む。）に規定する適格性を有する者に移転する場合でなければ、前項の認可をしてはならない。

3　第一項の規定により認可をしようとするときは、都道府県知事は、海区漁業調整委員会の意見を聴かなければならない。

（相続又は法人の合併若しくは分割によって取得した個別漁業権）

第八十条　相続又は法人の合併若しくは分割によって個別漁業権を取得した者は、取得の日から二月以内にその旨を都道府県知事に届け出なければならない。

2　都道府県知事は、海区漁業調整委員会の意見を聴き、前項の者が第七十二条第一項に規定する適格性を有する者でないと認めるときは、一定期間内に譲渡しなければその漁業権を取り消すべき旨をその者に通知しなければならない。

（水面使用の権利義務）

第八十一条　漁業権者が有する水面使用に関する権利義務（当該漁業権者が当該漁業に関し行政庁の許可、認可その他の処分に基づいて有する権利義務を含む。）は、漁業権の処分に従う。

（貸付けの禁止）

第八十二条　漁業権は、貸付けの目的とすることができない。

（登録した権利者の同意）

第八十三条　漁業権は、第百十七条第一項の規定により登録した先取特権若しくは抵当権を有する者（以下「登録先取特権者等」という。）又は同項の規定により登録した入漁権を有する者の同意を得なければ、分割し、変更し、又は放棄することができない。

2　第七十一条第二項から第四項までの規定は、前項の同意について準用する。

（漁業権の共有）

第八十四条　漁業権の各共有者は、他の共有者の三分の二以上の同意を得なければ、その持分を処分することができない。

2　第七十一条第二項から第四項までの規定は、前項の同意について準用する。

第八十五条　漁業権の各共有者がその共有に属する漁業権を変更するために他の共有者の同意を得ようとする場合においては、第七十一条第二項から第四項までの規定を準用する。

（漁業権の条件）

第八十六条　都道府県知事は、漁業調整その他公益上必要があると認めるときは、漁業権に条件を付けることができる。

2　前項の条件を付けようとするときは、都道府県知事は、海区漁業調整委員会の意見を聴かなければならない。

3　農林水産大臣は、都道府県の区域を超えた広域的な見地から、漁業調整のため特に必要があると認めるときは、都道府県知事に対し、第一項の規定により漁業権に条件を付けるべきことを指示することができる。

4　免許後に第一項の条件を付けようとする場合における第二項の海区漁業調整委員会の意見については、第八十九条第四項から第七項までの規定を準用する。この場合において、同条第四項中「前項の場合において、漁業権を取り消すべき旨」とあるのは、「第八十六条第一項の規定により漁業権に条件を付けるべき旨」と読み替えるものとする。

（休業の届出）

第八十七条　個別漁業権を有する者が当該個別漁業権の内容たる漁業を一

漁業時期以上にわたって休業しようとするときは、休業期間を定め、あらかじめ都道府県知事に届け出なければならない。

（休業中の漁業許可）

第八十八条　前条の休業中においては、第七十二条第一項に規定する適格性を有する者は、第六十八条の規定にかかわらず、都道府県知事の許可を受けて当該休業中の個別漁業権の内容たる漁業を営むことができる。

2　前項の許可の申請があつたときは、都道府県知事は、海区漁業調整委員会の意見を聴かなければならない。

3　都道府県知事は、漁業調整その他公益に支障を及ぼすと認める場合は、第一項の許可をしてはならない。

4　第一項の許可については、第七十一条第五項及び第六項、第八十六条、前条並びに次条から第九十四条までの規定を準用する。この場合において、第七十一条第五項中「第一項各号のいずれか」とあり、及び「同項各号のいずれか」とあるのは「第八十八条第三項に規定する場合」と、第九十二条第一項中「第七十二条第一項又は第二項（同条第四項において準用する場合を含む。）」とあるのは「第七十二条第一項」と読み替えるものとするほか、必要な技術的読替えは、政令で定める。

5　前各項の規定は、第九十二条第二項の規定に基づく処分により個別漁業権の行使を停止された期間中他の者が当該個別漁業権の内容たる漁業を営もうとする場合について準用する。

（休業による漁業権の取消し）

第八十九条　都道府県知事は、漁業権者がその有する漁業権の内容たる漁業の免許の日又は移転に係る認可の日から一年間又は引き続き二年間休業したときは、当該漁業権を取り消すことができる。

2　漁業権者の責めに帰すべき事由による場合を除き、第九十三条第一項の規定により漁業権の行使を停止された期間及び第百十九条第一項若しくは第二項の規定に基づく命令、第百二十条第一項の規定による指示、同条第十一項の規定による命令、第百二十一条第一項の規定による指示又は同条第四項において読み替えて準用する第百二十条第十一項の規定による命令により漁業権の内容たる漁業を禁止された期間は、前項の期間に算入しない。

3　第一項の規定により漁業権を取り消そうとするときは、都道府県知事は、海区漁業調整委員会の意見を聴かなければならない。

4　海区漁業調整委員会は、前項の場合において、漁業権を取り消すべき旨の意見を述べようとするときは、あらかじめ、当該漁業権者にその理由を文書をもつて通知し、公開による意見の聴取を行わなければならない。

5　前項の意見の聴取に際しては、当該漁業権者又はその代理人は、当該事案について弁明し、かつ、証拠を提出することができる。

6　当該漁業権者又はその代理人は、第四項の規定による通知があつた時から意見の聴取が終結する時までの間、都道府県知事に対し、当該事案についてした調査の結果に係る調書その他の当該申請の原因となる事実を証する資料の閲覧を求めることができる。この場合において、都道府県知事は、第三者の利益を害するおそれがあるときその他正当な理由があるときでなければ、その閲覧を拒むことができない。

7　前三項に定めるもののほか、海区漁業調整委員会が行う第四項の意見の聴取に関し必要な事項は、政令で定める。

（資源管理の状況等の報告）

第九十条　漁業権者は、農林水産省令で定めるところにより、その有する漁業権の内容たる漁業における資源管理の状況、漁場の活用の状況その他の農林水産省令で定める事項を都道府県知事に報告しなければならない。ただし、第二十六条第一項又は第三十条第一項の規定により都道府県知事に報告した事項については、この限りでない。

2　都道府県知事は、農林水産省令で定めるところにより、海区漁業調整委員会に対し、前項の規定により報告を受けた事項について必要な報告をするものとする。

（指導及び勧告）

第九十一条　都道府県知事は、漁業権者が次の各号のいずれかに該当すると認めるときは、当該漁業権者に対して、漁場の適切かつ有効な活用を図るために必要な措置を講ずべきことを指導するものとする。

一　漁場を適切に利用しないことにより、他の漁業者が営む漁業の生産活動に支障を及ぼし、又は海洋環境の悪化を引き起こしているとき。

二　合理的な理由がないにもかかわらず漁場の一部を利用していないとき。

2　都道府県知事は、前項の規定により指導した者が、その指導に従っていないと認めるときは、その者に対して、当該指導に係る措置を講ずべきことを勧告するものとする。

3　前二項の規定により指導し、又は勧告しようとするときは、都道府県知事は、海区漁業調整委員会の意見を聴かなければならない。

（適格性の喪失等による漁業権の取消し等）

第九十二条　漁業の免許を受けた後に漁業権者が第七十二条第一項又は第二項（同条第四項において準用する場合を含む。）に規定する適格性を有する者でなくなったときは、都道府県知事は、その漁業権を取り消さなければならない。

2　都道府県知事は、漁業権者が次の各号のいずれかに該当することとなったときは、その漁業権を取り消し、又はその行使の停止を命ずることができる。

一　漁業に関する法令の規定に違反したとき。

二　前条第二項の規定による勧告に従わないとき。

3　前二項の場合には、第八十九条第三項から第七項までの規定を準用する。

（公益上の必要による漁業権の取消し等）

第九十三条　漁業調整、船舶の航行、停泊又は係留、水底電線の敷設その他公益上必要があると認めるときは、都道府県知事は、漁業権を変更し、取り消し、又はその行使の停止を命ずることができる。

2　都道府県知事は、前項の規定により漁業権を変更するときは、併せて、海区漁場計画又は内水面漁場計画を変更しなければならない。

3　第一項の場合には、第八十九条第三項から第七項までの規定を準用する。

4　農林水産大臣は、都道府県の区域を超えた広域的な見地から、漁業調整、船舶の航行、停泊又は係留、水底電線の敷設その他公益上特に必要があると認めるときは、都道府県知事に対し、第一項の規定により漁業権を変更し、取り消し、又はその行使の停止を命ずべきことを指示することができる。

（錯誤によってした免許の取消し）

第九十四条　錯誤により免許をした場合においてこれを取り消そうとするときは、都道府県知事は、海区漁業調整委員会の意見を聴かなければならない。

（先取特権者及び抵当権者の保護）

第九十五条　漁業権を取り消したときは、都道府県知事は、直ちに、登録先取特権者等にその旨を通知しなければならない。

2　登録先取特権者等は、前項の通知を受けた日から三十日以内に漁業権の競売を請求することができる。ただし、第九十三条第一項の規定による取消し又は錯誤によってした免許の取消しの場合は、この限りでない。

3　漁業権は、前項の期間内又は競売の手続完結の日まで、競売の目的の範囲内においては、なお存続するものとみなす。

4　競売による売却代金は、競売の費用及び登録先取特権者等に対する債務の弁済に充て、その残金は国庫に帰属する。

5　買受人が代金を納付したときは、漁業権の取消しは、その効力を生じなかつたものとみなす。

（漁場に定着した工作物の買取り）

第九十六条　漁場に定着する工作物を設置して漁業権の価値を増大させた漁業権者は、その漁業権が消滅したときは、その消滅後に当該工作物の利用によって利益を受ける漁業の免許を受けた者に対し、時価で当該工作物を買い取るべきことを請求することができる。

第三款　入漁権

（入漁権取得の適格性）

第九十七条　漁業協同組合及び漁業協同組合連合会以外の者は、入漁権を取得することができない。

（入漁権の性質）

第九十八条　入漁権は、物権とみなす。

2　入漁権は、譲渡又は法人の合併若しくは分割による取得の目的となるほか、権利の目的となることができない。

3　入漁権は、漁業権者の同意を得なければ、譲渡することができない。

（入漁権の内容の書面化）

第九十九条　入漁権については、書面により次に掲げる事項を明らかにしなければならない。

一　入漁すべき区域

二　入漁すべき漁業の種類及び漁獲物の種類並びに漁業時期

三　存続期間の定めがあるときはその期間

四　入漁料の定めがあるときはその事項

五　漁業の方法について定めがあるときはその事項

六　漁船、漁具又は漁業者の数について定めがあるときはその事項

七　入漁者の資格について定めがあるときはその事項

八　その他入漁の内容

（裁定による入漁権の設定、変更及び消滅）

第百条　入漁権の設定を求めた場合において漁業権者が不当にその設定を拒み、又は入漁権の内容が適正でないと認めてその変更若しくは消滅を求めた場合において相手方が不当にその変更若しくは消滅を拒んだときは、入漁権の設定、変更又は消滅を拒まれた者は、海区漁業調整委員会に対して、入漁権の設定、変更又は消滅に関する裁定を申請することができる。

2　前項の規定による裁定の申請があつたときは、海区漁業調整委員会は、相手方にその旨を通知し、かつ、農林水産省令の定めるところにより、これを公示しなければならない。

3　第一項の規定による裁定の申請の相手方は、前項の公示の日から二週間以内に海区漁業調整委員会に意見書を提出することができる。

4　海区漁業調整委員会は、前項の期間を経過した後に審議を開始しなければならない。

5　裁定は、その申請の範囲を超えることができない。

6　裁定においては、次に掲げる事項を定めなければならない。

一　入漁権の設定に関する裁定の申請の場合にあっては、設定するかどうか、設定する場合はその内容及び設定の時期

二　入漁権の変更に関する裁定の申請の場合にあっては、変更するかどうか、変更する場合はその内容及び変更の時期
三　入漁権の消滅に関する裁定の申請の場合にあっては、消滅させるかどうか、消滅させる場合は消滅の時期
7　海区漁業調整委員会は、裁定をしたときは、遅滞なく、その旨を裁定の申請の相手方に通知し、かつ、農林水産省令の定めるところにより、これを公示しなければならない。
8　前項の公示があつたときは、その時に、裁定の定めるところにより当事者間に協議が調ったものとみなす。
（入漁権の存続期間）
第百一条　存続期間について別段の定めがない入漁権は、その目的たる漁業権の存続期間中存続するものとみなす。ただし、入漁権を有する者（第百三条において「入漁権者」という。）は、いつでもその権利を放棄することができる。
（入漁権の共有）
第百二条　第八十四条及び第八十五条の規定は、入漁権を共有する場合について準用する。
（入漁料の不払等）
第百三条　入漁権者が入漁料の支払を怠つたときは、漁業権者は、その入漁を拒むことができる。
2　入漁権者が引き続き二年以上入漁料の支払を怠り、又は破産手続開始の決定を受けたときは、漁業権者は、入漁権の消滅を請求することができる。
第百四条　入漁料は、入漁しないときは、支払わなくてもよい。
第四款　漁業権行使規則等
（組合員行使権）
第百五条　団体漁業権若しくは入漁権を有する漁業協同組合の組合員又は団体漁業権若しくは入漁権を有する漁業協同組合連合会の会員たる漁業協同組合の組合員（いずれも漁業者又は漁業従事者であるものに限る。）であつて、当該団体漁業権又は入漁権に係る漁業権行使規則又は入漁権行使規則

で規定する資格に該当するものは、当該漁業権行使規則又は入漁権行使規則に基づいて当該団体漁業権又は入漁権の範囲内において漁業を営む権利（以下「組合員行使権」という。）を有する。

（漁業権行使規則等）

第百六条　漁業権行使規則は、団体漁業権を有する漁業協同組合又は漁業協同組合連合会において、団体漁業権ごとに制定するものとする。

2　入漁権行使規則は、入漁権を有する漁業協同組合又は漁業協同組合連合会において、入漁権ごとに制定するものとする。

3　漁業権行使規則及び入漁権行使規則（以下この条において「行使規則」という。）には、次に掲げる事項を規定するものとする。

一　組合員行使権を有する者（以下この項において「組合員行使権者」という。）の資格

二　漁業権又は入漁権の内容たる漁業につき、漁業を営むべき区域又は期間、当該漁業の方法その他組合員行使権者が当該漁業を営む場合において遵守すべき事項

三　組合員行使権者がその有する組合員行使権に基づいて漁業を営む場合において、当該漁業協同組合又は漁業協同組合連合会が当該組合員行使権者に金銭を賦課するときは、その額

4　区画漁業又は第一種共同漁業を内容とする団体漁業権を有する漁業協同組合又は漁業協同組合連合会は、その有する団体漁業権について漁業権行使規則を定めようとするときは、水産業協同組合法（昭和二十三年法律第二百四十二号）の規定による総会（総会の部会及び総代会を含む。）の決議前に、その組合員（漁業協同組合連合会の場合には、その会員たる漁業協同組合の組合員）のうち、当該漁業権に係る漁業の免許の際において当該漁業権の内容たる漁業を営む者（第七十二条第二項第二号の要件に該当することにより同項（同条第四項において準用する場合を含む。）の規定により適格性を有するとされた者に係る団体漁業権にあっては、当該沿岸漁業を営む者（河川以外の内水面における漁業を内容とする団体漁業権にあっては当該内水面において漁業を営む者、河川における漁業を内容とする団体漁業権にあっては当該河川において水

産動植物の採捕又は養殖をする者）） であつて当該漁業権の関係地区の区域内に住所を有するものの三分の二以上の書面による同意を得なければならない。

5　前項の場合において、水産業協同組合法第二十一条第三項（同法第八十九条第三項において準用する場合を含む。）の規定により電磁的方法（同法第十一条の三第四項に規定する電磁的方法をいう。）により議決権を行うことが定款で定められているときは、当該書面による同意に代えて、当該漁業権行使規則についての同意を当該電磁的方法により得ることができる。この場合において、当該漁業協同組合又は漁業協同組合連合会は、当該書面による同意を得たものとみなす。

6　前項前段の電磁的方法（水産業協同組合法第十一条の三第五項の農林水産省令で定める方法を除く。）により得られた当該漁業権行使規則についての同意は、漁業協同組合又は漁業協同組合連合会の使用に係る電子計算機に備えられたファイルへの記録がされた時に当該漁業協同組合又は漁業協同組合連合会に到達したものとみなす。

7　行使規則は、都道府県知事の認可を受けなければ、その効力を生じない。

8　都道府県知事は、申請に係る行使規則が不当に差別的であると認めるときは、これを認可してはならない。

9　第四項から第六項までの規定は漁業権行使規則の変更又は廃止について、第七項の規定は行使規則の変更又は廃止について、前項の規定は行使規則の変更について準用する。この場合において、第四項中「当該漁業権に係る漁業の免許の際において当該漁業権の内容たる漁業を営む者」とあるのは、「当該漁業権の内容たる漁業を営む者」と読み替えるものとする。

10　行使規則は、当該行使規則を制定した漁業協同組合の組合員又は漁業協同組合連合会の会員たる漁業協同組合の組合員以外の者に対しては、効力を有しない。

（総会の部会についての特例）

第百七条　団体漁業権を有する漁業協同組合が当該団体漁業権に係る総会の部会（水産業協同組合法第五十一条の二第一項に規定する総会の部会をいう。）

を設けている場合においては、当該総会の部会は、当該団体漁業権の存続期間の満了に際し、漁場の位置及び区域並びに漁業の種類が当該満了する団体漁業権とおおむね等しいと認められるものとして設定される団体漁業権の取得について、総会の権限を行うことができる。

（組合員の同意）

第百八条　第百六条第四項から第六項までの規定は、漁業協同組合又は漁業協同組合連合会がその有する団体漁業権を分割し、変更し、又は放棄しようとする場合について準用する。この場合において、同条第四項中「当該漁業権に係る漁業の免許の際において当該漁業権の内容たる漁業を営む者」とあるのは、「当該漁業権の内容たる漁業を営む者」と読み替えるものとする。

第四節　沿岸漁場管理

（沿岸漁場管理団体の指定）

第百九条　都道府県知事は、海区漁場計画に基づき、当該海区漁場計画で設定した保全沿岸漁場ごとに、漁業協同組合若しくは漁業協同組合連合会又は一般社団法人若しくは一般財団法人であって、次に掲げる基準に適合すると認められるものを、その申請により、沿岸漁場管理団体として指定することができる。

一　次条に規定する適格性を有する者であること。

二　役員又は職員の構成が、保全活動の実施に支障を及ぼすおそれがないものであること。

三　保全活動以外の業務を行っている場合には、その業務を行うことによって保全活動の適正かつ確実な実施に支障を及ぼすおそれがないこと。

2　都道府県知事は、保全活動の適切な実施を確保するために必要があると認めるときは、前項の規定による指定をするに当たり、条件を付けることができる。

3　都道府県知事は、第一項の規定により沿岸漁場管理団体を指定しようとするときは、海区漁業調整委員会の意見を聴かなければならない。

（沿岸漁場管理団体の適格性）

第百十条　沿岸漁場管理団体の適格性を有する者は、次の各号のいずれにも該当しない者とする。

一　その役員又は政令で定める職員のうちに暴力団員等がある者であること。

二　暴力団員等がその事業活動を支配する者であること。

三　適確な経理その他保全活動を適切に実施するために必要な能力を有すると認められないこと。

（沿岸漁場管理規程）

第百十一条　沿岸漁場管理団体は、沿岸漁場管理規程を定め、都道府県知事の認可を受けなければならない。

2　沿岸漁場管理規程には、次に掲げる事項を規定するものとする。

一　水産動植物の生育環境の保全又は改善の目標

二　保全活動を実施する区域及び期間

三　保全活動の内容

四　保全活動の実施に関し遵守すべき事項

五　保全活動に従事する者（第八号において「活動従事者」という。）のうち保全沿岸漁場において漁業を営む者及びその他の者の役割分担その他保全活動の円滑な実施の確保に関する事項

六　保全活動により保全沿岸漁場において漁業を営む者その他の者が受けると見込まれる利益の内容及び程度

七　前号の利益を受けることが見込まれる者の範囲

八　保全活動に要する費用の見込みに関する事項（当該費用の一部の負担について前号の者（活動従事者を除く。以下この節において「受益者」という。）に協力を求めようとするときは、その額及び算定の根拠並びに使途を含む。）

九　前各号に掲げるもののほか、保全活動に関する事項であって農林水産省令で定めるもの

3　沿岸漁場管理団体は、沿岸漁場管理規程を変更しようとするときは、都道府県知事の認可を受けなければならない。

4　第一項又は前項の認可の申請があつたときは、都道府県知事は、海区漁業調整委員会の意見を聴かなければならない。

5　都道府県知事は、沿岸漁場管理規程の内容が次の各号のいずれにも該当するときは、認可をしなければならない。

一　保全活動を効果的かつ効率的に行う上で的確であると認められるものであること。

二　不当に差別的なものでないこと。

三　受益者に第二項第八号の協力（第百十三条及び第百十四条において単に「協力」という。）を求めようとするときは、その額が利益の内容及び程度に照らして妥当なものであること。

6　都道府県知事は、第一項又は第三項の認可をしたときは、沿岸漁場管理団体の名称その他の農林水産省令で定める事項を公示しなければならない。

（沿岸漁場管理団体の活動）

第百十二条　沿岸漁場管理団体は、沿岸漁場管理規程に基づいて保全活動を行うものとする。

2　沿岸漁場管理団体は、農林水産省令で定めるところにより、保全活動の実施状況、収支状況その他の農林水産省令で定める事項を都道府県知事に報告しなければならない。

3　都道府県知事は、保全活動の実施状況、収支状況その他の農林水産省令で定める事項を海区漁業調整委員会に報告するとともに、公表するものとする。

（保全活動への協力のあっせん）

第百十三条　沿岸漁場管理団体は、保全活動の実施に当たり、受益者の協力が得られないときは、都道府県知事に対し、当該協力を得るために必要なあっせんをすべきことを求めることができる。

2　都道府県知事は、前項の規定によりあっせんを求められた場合において、当該受益者の協力が特に必要であると認めるときは、あっせんをするものとする。

（協力が得られない場合の措置）

第百十四条　前条第二項のあっせんを受けたにもかかわらず、なお受益者の協力が得られないことにより沿岸漁場管理団体が保全活動を実施する上で支障が生じている場合において、第六十四条第一項（同条第八項において準用する場合を含む。）の規定により沿岸漁場管理団体がその支障の除去に関する意見を述べたときは、都道府県知事は、海区漁場計画を定め、又は変更するに当たり、当該意見を尊重するものとする。

2　都道府県知事は、前条第二項のあっせんをしたにもかかわらず、なお受益者（保全沿岸漁場において漁業を営む者に限る。）の協力が得られないことにより沿岸漁場管理団体が保全活動を実施する上で支障が生じていると認めるときは、第五十八条において準用する第四十四条第一項若しくは第二項の規定又は第八十六条第一項、第九十三条第一項若しくは第百十九条第一項若しくは第二項の規定により必要な措置を講ずるものとする。

（保全活動の休廃止）

第百十五条　沿岸漁場管理団体は、都道府県知事の認可を受けなければ、沿岸漁場管理規程に基づく保全活動の全部又は一部を休止し、又は廃止してはならない。

2　都道府県知事が前項の規定により保全活動の全部の廃止を認可したときは、当該沿岸漁場管理団体の指定は、その効力を失う。

3　都道府県知事は、第一項の認可をしたときは、その旨を公示しなければならない。

（指定の取消し等）

第百十六条　都道府県知事は、沿岸漁場管理団体が保全活動を適切に行っておらず、又は第百九条第二項の規定により付けた条件を遵守していないと認めるときは、当該沿岸漁場管理団体に対して、保全活動を適切に行うべき旨又は当該条件を遵守すべき旨を勧告するものとする。

2　都道府県知事は、沿岸漁場管理団体が第百十条に規定する適格性を有する者でなくなったときは、その指定を取り消さなければならない。

3　都道府県知事は、第一項の規定による勧告を受けた沿岸漁場管理団体がその勧告に従わないときは、その指定を取り消すことができる。

4　前二項の場合には、第八十九条第三項から第七項までの規定を準用する。

第五節　補則

（登録）

第百十七条　漁業権並びにこれを目的とする先取特権、抵当権及び入漁権の設定、取得、保存、移転、変更、消滅及び処分の制限並びに第九十二条第二項又は第九十三条第一項の規定による漁業権の行使の停止及びその解除は、免許漁業原簿に登録する。

2　前項の規定による登録は、登記に代わるものとする。

3　第二十条第二項から第四項までの規定は、免許漁業原簿について準用する。

4　前三項に規定するもののほか、第一項の規定による登録に関して必要な事項は、政令で定める。

（裁判所の管轄）

第百十八条　裁判所の土地の管轄が不動産所在地によって定まる場合には、漁場に最も近い沿岸の属する市町村を不動産所在地とみなす。

あとがき

謝　辞

本出版は、本来であれば、2020年の冒頭には刊行の予定でしたが、2019年12月末に発生したコロナウイルス感染症の世界規模感染症（パンデミック）のため、出版が今日までずれ込みました。それは出版業界も水産業界も未曽有の混乱に落ち込んだためでした。しかしながら、このように最終的に、出版の栄誉と光栄に至ったのは、ひとえに、関係者のご尽力、ご協力とご理解によるものであると心から御礼を申し上げます。これらは2017年から2019年までの高木勇樹委員長をはじめ委員の各位の所産の賜物であります。また、編集の過程において日本経済調査協議会事務局の主任研究員竹内信彦氏とリサーチ・アシスタント北島基子氏にも編集作業の重要部分でご支援を賜りました。

出版業の困難な中でも引き続き、本書の出版にご尽力とご理解を賜りました雄山閣の宮田哲男社長には心より感謝申し上げます。さらに途中まで、編集のご尽力をいただいた安齋利晃氏にも御礼を申し上げます。

現在と将来の世代へ

・戦後の日本の外交と漁業

ところで、本書の意図をおくみいただくために、読者の皆様に本文では書ききれなかった日本の遠洋漁業の一端をご紹介して、日本の漁業・水産業の歩みをごく簡単に振り返ってみたいと思います。

一時は世界一の水産王国を誇った日本が、国連海洋法条約と米ソの200カイリ漁業専管水域や、のちの沿岸国による排他的経済水域の設定により、日本の遠洋漁業は外国から締め出され、日本の200カイリ排他的経済水域に閉じ込められた時から、日本の凋落が始まりました。

1970年代後半と1980年代前半には、「カラスの鳴かない日はあっても200カイリの記事が新聞に載らない日はない」と揶揄されました。それほど200カイリ排他的経済水域の設定は、日本の漁業・水産業にとっても、地域社会と日本経済と政治にとっても、とても重要な産業でした。しかし、現在はそれを知る人々も少なくなりました。遠洋漁業が外国の水域から締め出された際には、世界第7位の広さを誇る日本の200カイリ排他的経済水域内で、日本漁業・水産業はその再生を図れるし、図らなければならないとの論調と政策論でにぎやかでした。

振り返ってみれば、日本国の外交とは、対米への譲歩の一辺倒の傾向が戦後の直後からありました。マッカーサー・ラインが廃止されて、南氷洋の捕鯨船団や北洋の母船式サケマス漁業など、世界の漁場に進出した日本の漁業は日本の戦後の復興に大きく貢献しました。地方経済、食料産業、戦後のたんぱく質不足を南極海からの鯨肉が救いました。サケマスとマグロ缶詰は戦後の外貨獲得に大きく貢献しました。そして漁船建造が盛んになり、日本全体の工業の発展と技術の進歩にも貢献しました。しかし、対米重視の日本の外務省にはお荷物で、邪魔者扱いでした。外国の利益を優先する外交など、著者は寡聞にして知りません。そのような外交は相手国からも信用されないのではと思います。国益に沿って主張することが大切です。

米国は国連海洋法条約での200カイリ水域の設定が、米軍の軍事活動を制限しない内容であることを担保してから方向の転換をしました。200カイリを自国の漁業振興に活用しようと方向転換をした時から、日本は孤立の道を歩みましたが、外務省は日本の漁業・水産業を捨てて、対米親和路線でした。このことは、現在の外交にも共通します。結局、日本の国内産業をおろそかにして、経済力がなくなれば、日本の魅力がなくなり、そして外交上も世界から無視される道をたどりました。その先駆けが漁業・水産業でした。現在の日本の世界の位置からの想像はつきます。著者が外交の第一線にいたころは、中国、台湾や韓国は日本の後塵を拝してしました。それが、コロナウイルス感染症の対応、ワクチン製造能力の欠如他を見ても、日本はこれらの各国から遅れているとしか思えません。

・国内政策への転換

さりながら、目を国内に転じれば、本来の国連海洋法とは、沿岸国が自国の200カイリ内資源である海洋生物資源を、沿岸国政府の責任で、最良の科学的情報に基づいて、漁獲可能量を設定して管理しなければならないとの条約でした。よって日本が遠洋漁業の権益確保に奔走し専念したことは、漁船の労働力も地方出身でしたので、地方経済と日本の食料の供給には非常に重要であったことから止むを得なかったのです。その産業規模が大きすぎたのです。しかし、問題は国連海洋法が沿岸域の海洋水産資源を科学的根拠に基づいて、最大持続生産量を実現せよとの内容を齎したのに、日本がそのことを十分に、真剣に理解せずに、相変わらず、明治時代から120年間も継続する、漁業者間の話し合いに委ね、漁業者と漁場の管理・紛争の処理に重きを置いて、それが漁業の管理のすべてであるかの錯覚を持ち続けたことでした。

これは、本来日本が国連海洋法を批准した1996年には正しておく必要があったのですが、そうしませんでした。それに対して、私たちは日本経済調査協議会の水産業改革委員会を通じて、漁業法制度の改革を繰り返し提言し、主張し、漸く改革へ動き出したというのが現実です。その歩みはとても小さく緩やかで、改革とか、日本の漁業と水産業の再生とはかけ離れたように見えますし、現にかけ離れております。しかし、私たちは、日本人に対する魚食・食糧の安全・安定的供給を確保し、永久の特権と文化として、海からの恵みを享受していくものとして、これらの努力を継続していく義務と責任が、私たちの現在世代にとっても、むしろ、将来の世代にとっては尚さら必要です。

・読者のひとりひとり；人類の世紀に何をするか

漁業・水産業の持続的な供給と需要の問題は、日本人と人類が、海洋水産資源と海洋生態系並びにそれを育む陸・海岸の連続地帯、陸上生態系と河川・水資源の恵みとの新たなる関係を構築することを求めております。それらの問題認識と将来への展望は、日本経済調査協議会の水産業改革委員会の提言に包括されており、本書にもそれらが盛り込まれて、解説されております。

これからの時代は、これまで私たち生きてきた延長線上では生きていけない状況であると考えます。多くの専門家や若い世代もそう思っています。地球温暖化やコロナウイルス感染症の問題が、その認識をさらに加速させています。海洋と漁業・水産業、そして魚食と日本食との付き合いが末永く、新しくも永続的な関係として続くかどうか、人類の時代（Anthropocene）での私たちの新たな挑戦が始まっております。日本人一人ひとりが行動することです。政治を政府や政治家に任せるだけの時代はとうに終わっています。日本経済調査協議会の水産業改革委員会の提言と、2018年に一部改正された漁業法に関する本書の解説が、読者の理解の一助をなりますことを切に願っております。

2021年6月吉日

小松正之

■監修者紹介

高木 勇樹（たかぎ ゆうき）

1943年群馬県生まれ。東京大学法学部卒業。1966年4月農林省入省。畜産局長、大臣官房長、食糧庁長官などを経て、1998年7月より農林水産事務次官を務める。
2001年退官。

■著者紹介

小松 正之（こまつ まさゆき）

1953年岩手県生まれ。一般社団法人生態系総合研究所代表理事、アジア成長研究所客員教授。FAO水産委員会議長、インド洋マグロ委員会議長、在イタリア日本大使館一等書記官、内閣府規制改革委員会専門委員を歴任。日本経済調査協議会「第二次水産業改革委員会」主査、及び鹿島平和研究所「北太平洋海洋生態系と海洋秩序・外交安全保障に関する研究会」主査。

6月から日本経済調査協議会「第三次水産業改革委員会」委員長・主査。

著書に『宮本常一とクジラ』『豊かな東京湾』『東京湾再生計画』『日本人とくじら 歴史と文化 増補版』『地球環境 陸・海の生態系と人の将来』（雄山閣）など多数。

令和3年6月20日　初版発行　《検印省略》

日本漁業・水産業の復活戦略
最新データに拠る日経調水産業改革委員会「提言」と改正「漁業法」概説

監　修　高木勇樹
著　者　小松正之
発行者　宮田哲男
発行所　株式会社 雄山閣
〒102-0071　東京都千代田区富士見2－6－9
TEL 03-3262-3231㈹ FAX 03-3262-6938
振替 00130-5-1685
http://www.yuzankaku.co.jp
印刷・製本　株式会社 ティーケー出版印刷

ISBN978-4-639-02762-1 C3062
N.D.C.660 176p 21cm